菜根谭

名句

梁嘤之 /编译

名句故事绘

U0666296

天地出版社
TIANDI PRESS

图书在版编目（CIP）数据

《菜根谭》名句／梁嘤之编译. —成都：天地出版社，
2013.1（2019.12重印）

（国学名句故事绘）

ISBN 978-7-5455-0780-5

Ⅰ.①菜… Ⅱ.①梁… Ⅲ.①《菜根谭》—名句—鉴赏
Ⅳ.①B825

中国版本图书馆CIP数据核字（2012）第209527号

《 CAI GEN TAN 》MINGJU

《 菜 根 谭 》 名 句

出 品 人　杨　政

作　　者　梁嘤之
策　　划　李　云
组　　稿　李　云　卢亚兵
责任编辑　刘俊枫
责任校对　程于　等
封面设计　云文书香
电脑制作　跨克创意
责任印制　桑　蓉

出版发行　天地出版社
　　　　　（成都市槐树街2号　邮政编码：610014）
网　　址　http://www.tiandiph.com
电子邮箱　tianditg@163.com

印　　刷　山东省东营市新华印刷厂
版　　次　2013年1月第一版
印　　次　2019年12月第五次印刷
成品尺寸　160mm×215mm　1/28
印　　张　5
字　　数　88千
定　　价　25.00元
书　　号　ISBN 978-7-5455-0780-5

前 言

　　《菜根谭》，明朝万历年间隐士洪应明编著。书名蕴含"咬得菜根，百事可做"之意，是一部论述修身养性、处事治学、待人接物的格言集。它融儒、释、道三家思想及作者对人世百态的领悟于一体，形成了这样一本反映中国人生活智慧的集大成之作。其中，既有"修身齐家治国平天下"的入世热忱，也有栽花种草、赏月弹琴的隐逸之情；既有呼吁人们正心修性的劝世之心，又有透析人生后的道德自律。

　　此次，《菜根谭》被收入"国学名句故事绘"第二辑丛书中。因其内容丰富，知识量大，考虑到普及的需要，编者选取了其中最具代表性的65则名句，逐条释义、明理、讲故事，辅之以古画碑帖，以供读者阅读、赏析。作为具有人生教义的国学普及读本，编者衷心期望本套书能对读者朋友的生活、学习有所裨益。

修身篇

养性篇

处世篇

欲做精金美玉的人品，定从烈火中煅来；思立掀天揭地的事功，须向薄冰上履过。

【注释】

掀天揭地：形容声势浩大，或巨大而彻底的变化。

【译文】

想有赤金美玉一样的人格品行，必定得经过烈火煅烧般的磨砺；要干一番惊天动地的伟业，必定要经历艰难险阻的考验。

【道理】

真金是炼出来的，美玉是琢出来的，崇高的人格品行亦是需要不断修进提升才能得到的；要想建立丰功伟业，不可好高骛远，更不可眼高手低，大意行事，凡事都需谨慎。

仲尼厄而作《春秋》

孔子因力主削弱鲁国三大权臣家族的势力被权贵排挤，不得不在五十五岁的时候开始了周游列国之行。

在周游列国期间，已过天命之年的孔子饱尝了世间的冷暖：在宋国，司马桓魋（tuí）因讨厌孔子而扬言要加害于他；在郑国，他与弟子们失散，独自在东门等候时，被人嘲笑为"丧家之犬"；最凄凉的一次则是在鲁哀公六年（公元前489年），孔子途经曹、宋、郑三国来到了陈国，并不时往返于陈、蔡两国之间。因吴国攻打陈国，"君子不立于危墙之下"，孔子便带着弟子前往楚国。而陈、蔡二国的权贵们知道孔子对他们的所作所为有意见，怕孔子在楚国受重用，对他们不利，于是就派人将孔子师徒围困在陈、蔡两国边境附近。围困数日后，孔子一行断了粮，很多弟子都饿倒了。子路有些气恼地问孔子："君子也有困顿的时候吗？"孔子泰然回答道："困顿时，君子会安守，而小人就会胡作非为了。"

几年后，历经磨难的孔子回到鲁国，开始悉心著书立说。他先后整理了《诗经》《尚书》《易经》，并编写了《春秋》，为我国古代历史文化的传承和发展做出了巨大的贡献。而由他所开创的"春秋笔法"，更是后世史家尊崇的重要原则。

宋·佚名《孔门弟子图》（局部）

11

> 一念错，便觉百行皆非，防之当如渡海浮囊，勿容一针之罅漏；万善全，始得一生无愧，修之当如凌云宝树，须假众木以撑持。

【注释】

浮囊：古人常借助牛、羊皮制成的气囊来凫水或者用其制作皮筏子。罅（xià）漏：裂缝。

【译文】

一念之差造成的错误，会让人觉得很多事情都不对，所以对待差错就应当像对待渡海用的浮囊一样，不容许有针尖大小的漏洞；能做的好事都做到，才会一生无愧，就像佛经里描绘的由众多林木支撑的凌云宝树，修身、为善应当是由一件件善行累积起来的。

【道理】

千里之堤毁于蚁穴。要做到万无一失，就要从小处做起，一丝不苟。

防微杜渐

东汉和帝即位时仅十四岁，由于年幼，窦太后代其执政。随着窦太后的哥哥窦宪被任命为大将军，东汉的军政大权实际已落入窦家人手中。当时的大臣司徒丁鸿忠心于汉室，十分不满窦家外戚专权，决心为国除掉这一祸根。

几年后，出现日蚀，丁鸿借这个当时被认为不祥的征兆，上书和帝，建议趁窦氏兄弟权势尚不大时早加制止，才能使国家长治久安。

他在奏章里说："如果做到'杜渐防萌'则凶妖可灭，国家的祸害就可以消除，人民就得以幸福安康。"和帝本来早已有这种打算，于是便采纳了丁鸿的意见，并任命他为太尉兼卫尉，进驻南北二宫，同时削去窦宪的兵权，从而避免了一场可能出现的外戚政变。

清·刘彦冲《听阮图》（局部）

涤尽渣滓，斩绝萌芽⊙为善而欲自高胜人，施恩而欲要名结好，修业而欲惊世骇俗，植节而欲标异见奇，此皆是善念中戈矛，理路上荆棘，最易夹带，最难拔除者也。须是涤尽渣滓，斩绝萌芽，才见本来真体。

【注释】

自高：抬高自己。要名结好：求名声，结交人。植节：培养节操。

【译文】

做善事时，希望以此抬高自己从而胜过他人；施恩惠时，希望借此博得名声并结交一些人；修业时，希望能有朝一日惊世骇俗；培养节操时，希望能够标新立异：这些都是善念中的戈矛，是追寻真理道路上的荆棘，都是无心夹带的，因此也是最难拔除的。只有将这些彻底除去，才能显现为善、施恩、修业、植节的真义。

【道理】

为善、施恩、修业、植节，如果下决心去做，其实并不难，难的是拥有一颗平常心。

功勋边事

唐代有一个非常有名的禅师叫洞山和尚，他曾经与一名慕名前来寻访的僧人有一段关于布施的精彩对话。

僧人问洞山："有人说，以斋饭布施众多修成正果的佛、菩萨、阿罗汉的功德，不如以斋饭布施一名没有修为、没有开悟的普通人的功德高。这是为什么呢？难道那些修成正果、开悟得道的佛、菩萨、阿罗汉有什么过错么？"洞山回答："佛、菩萨、阿罗汉当然没有什么过错，只是因为给他们布施斋饭往往是一件锦上添花的事。"僧人又问："那怎样布施才不算是锦上添花的事呢？"洞山回答："在不知道这样做会对自己有何好处的情况下做的布施就不算。"

也就是说，在洞山的眼里，只有不带着任何功利目的的单纯善举才算得上真正的功德之举；反之，则只能算是功利之举而已。

清·徐扬《仿贯休画罗汉》

得意便思有骄矜辞色否。失意便思有怨望情怀否。时时检点，到得从多入少、从有入无处，才是学问的真消息。

菜根谭

名句·修身篇

【注释】

得意：志得意满，指实现愿望或事业上获得成功。骄矜：骄傲自负。辞色：言语和表情。

【译文】

在志得意满的时候，要反省自己是否有骄傲自负的言语和神情；在逆境或不顺的状态下，要反省自己是否有怨天尤人、悲观失望的情绪。时时反省，直到从多到少、从有到无，才能达到养性修德的真境界。

【道理】

道德修养是一个长期积累的过程，需要时时自我检查，不断地自我提升。

唐太宗自省

唐太宗李世民是唐代著名的盛世帝王，他在位期间，励精图治，开创了一代盛世。但就是这样一位帝王，仍然"恒恐上不称天心，下为百姓所怨"，终其一生都在不断地自省。

根据史书记载，唐太宗曾在贞观八年（公元634年）对大臣们说："我每当无事静坐，就自我反省，常常害怕上不能让上苍称心如意，下被百姓怨恨，希望能得到正直忠臣的箴言劝谏，以让我的视听能与宫廷外面相通，让百姓没有积怨……"虽然到了贞观后期，唐太宗"渐恶直言"、好大喜功（两次征讨高丽），甚至后来大兴土木、奢侈浪费，强看史官所著起居注。但唐太宗毕竟是明君，在晚年时，他亲著《帝范》教诲太子李治，书中更是反省了自己一生的功过。他告诉子女，他的行为"自非上德，不可效焉"；特别是他在位以来，"锦绣珠玉，不绝于前"，"高台深池，每兴其役"，"犬马鹰鹘，无远必致"。对此唐太宗无不自责，他希望他的后代不要以为这些是值得去效仿的好事。

禹

克勤于邦　烝民乃粒

厎绩在躬　厥中允执

恶酒好言　九功由立

不伐不矜　振古英及

宋·马麟《夏禹王像》

> 士人有百折不回之真心，才有万变不穷之妙用。

菜根谭

名句·修身篇

【注释】

百折不回：比喻意志坚强，无论受到多少挫折都毫不退缩。

【译文】

有了百折不回的精神，才能有随机应变的应对妙招。

【道理】

有百折不回的意志，表明内心存有对未来的希望以及入世的热情，如此，才可能调动所有的才智，应对各种逆境。

愚公移山

远古时期，太行、王屋两座巍峨的大山位于冀州的南边、黄河的北岸。有一位年过九十的老者名叫愚公，他一直都觉得这两座山阻碍了交通，使村人出入十分不便。于是他便和大家商量着把这两座山搬走。妻子问他如何搬运，愚公答道："将这些挖下的土石运到渤海边，隐土以北去。"于是就带着儿孙们开干了。

住在河湾处的智叟知道此事后，阻止他道："你太不聪明了。你这把年纪了，哪里还能动得了这大山的土石？"愚公长叹后说道："你太顽固了。我死了还有我的后人，子孙无尽，而山却不会增高，何愁移不掉这两座山呢？"智叟听了无话可说。

山神在听说这事后，害怕愚公一家真的这样不断地挖下去，就向天帝汇报了此事。天帝被愚公的诚心打动，命夸娥氏的两个儿子将太行、王屋二山背走，分别放在朔方以东和雍州以南。此后冀州以南、汉水以南再也没有高山阻隔了。

清·恽寿平《翠岫春云图》

> 学者不患垢病，而患洁病之难治；
> 不畏事障，而畏理障之难除。

【注释】

垢病：由于不洁净而得的病。洁病：由于爱干净而得的病。事障：被具体的事情阻碍。理障：被某种思想理念阻碍。

【译文】

一个人不爱干净而得的病好治，而洁癖难治；同理，人不怕被具体的事情困扰阻碍，而是害怕被某种思想蒙蔽了头脑。

【道理】

思想理念出现错误，比具体做错某一件事情的危害要大得多，也难以纠正得多。这就是所谓的"一念错，便觉百行皆非"。

心病还须心药医

明朝时，有个人喝醉了酒倒在花园里过夜，半夜里口渴难耐，便朦胧中喝了身边石槽中的积水。第二天酒醒后，见石槽的积水中有许多红色小虫子在游动，他想起自己半夜喝过那积水，心中顿时惊惶不安，立刻感到胸口仿佛有虫子在爬动。日想月疑，渐成痼疾，久治无效。

后来，名医吴球经过诊断，判定病者其实是患了"疑心病"。于是，吴球采用了一种奇妙的治法。他将红色的细线剪成小红虫一样长短，放置到便桶中。这时，吴球再给病人吃下泻药。病人便溺后，看到红线散浮在桶内，就像一条条小红虫在游动，便以为那晚喝下去的小红虫都排泄了出来，立刻觉得浑身轻松，从此心病消除，再用药调理半月后，彻底康复了。

清·牟义《杂画册》（之一）

事理因人言而悟者，有悟还有迷，总不如自悟之了了；意兴从外境而得者，有得还有失，总不如自得之休休。

【注释】

了了：明白清楚。意兴：意境，兴致。休休：安闲，安稳。

【译文】

有些事理，如果是因为人家的讲解和指导才明了的，总有未能理解到的地方，还是比不上自己想通了来得明白清楚；全因外界环境而起的意境兴致，总会因为外界环境的改变而消失，还是比不上发自内心的怡然自乐。

【道理】

事情的变化发展，外界条件是非常重要的，但最终还是要通过内因才能起作用，决定事物最终发展结果的，还是内因。

求人不如求己

杭州有上、中、下三座天竺寺，都是以观世音菩萨为供奉的本尊。宋代张端义编撰的《贵耳集》中记载了一个与天竺寺观世音菩萨相关的故事：

宋孝宗有一次前往天竺寺游玩，随行陪同的人员中有一名高僧。天竺寺距离飞来峰非常近。宋孝宗看到飞来峰，就问高僧："既然是飞来，为何不飞去？"

高僧回答："一动不如一静。"

待到进入寺庙，来到菩萨的塑像面前，孝宗看见菩萨塑像手持念珠，便问："菩萨为什么还要拿着念珠？"

高僧答道："因为要念观世音菩萨的名号。"

宋孝宗又问："他自己是观音，为什么要念自己的名号呢？"

高僧回答："因为求人不如求己。"

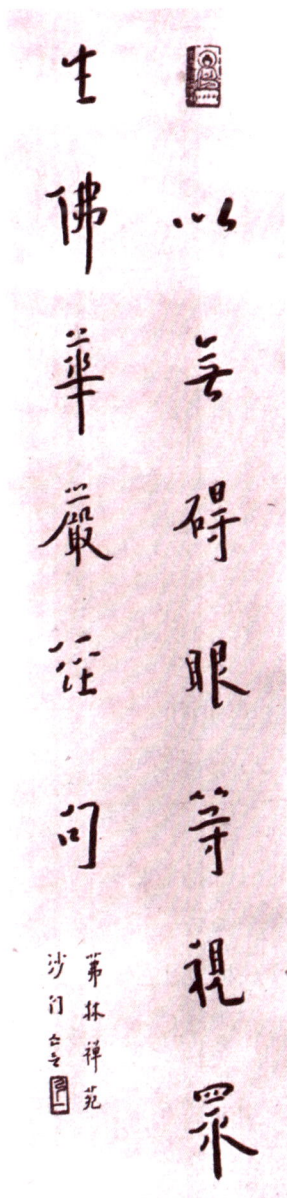

生佛华严经句

以无碍眼等视众生

第林禅苑 沙门⼀⾳

以无碍眼等视众生。佛华严经句。

近代·弘一《行书》

当是非邪正之交，不可少迁就，少迁就则失从违之正。

菜根谭

名句·修身篇

【注释】

少：稍，稍微。从违：依从或违背，也可指取舍。

【译文】

当是非正邪混在一起的时候，一定要立场坚定而鲜明，不可有一丝的含糊和迁就，否则就会作出不正确的选择和取舍。

【道理】

对于他人之言语的洞见，是基于对人生在世究竟的明了；然后就能有一以贯之的人生信念、浩荡磅礴的精神气概。

嫉恶如仇

《晋书》中记载了一位名叫傅咸的官员，历经晋武帝、晋惠帝两朝，为人正派，敢于忠谏，深得武帝赏悦。惠帝初期，傅咸曾数次规劝权臣杨骏还政与惠帝。然而最为人所称道的还是他弹劾奢侈浪费的皇亲国戚一事。

根据史书记载，当时"天下荒乱，百姓饿死"，然而惠帝身在宫闱，不知民生疾苦，听闻百姓无米可炊时还说："何不食肉糜？"啼笑皆非的傅咸将百姓之事详细讲给惠帝听后，直言不讳地奏请处罚奢靡无度的大臣公卿。然而，当权的豪门贵族并未将他放在眼里，傅咸便多次上书，并言明"奢侈之费，甚于天灾"。在他的不断劝谏下，惠帝终于下令罢免了一部分官员。据《晋书·列传第十七》记载，他还曾赴多地考察民情，奏免豪族大官多人，一时间"京都肃然，贵戚慑伏"。百姓赞其"嫉恶如仇"。

清·费丹旭《紫绶金章》

苦时之坎易逃，而乐处之阱难脱。

【注释】

坎：道路不平，比喻麻烦、变故。

【译文】

苦难时候的坎儿容易躲过，而安乐时候的陷阱却往往难以躲过。

【道理】

生于忧患，死于安乐。要想保有长久的安乐，须有防患于未然的明智。

有备无患

春秋时期，宋、齐、晋、卫等十二国联合出兵攻打郑国。郑国急忙向十二国中最大的晋国求和。晋国同意后，其余十一国也就停止了进攻。郑国为了表示感谢，给晋国送去了大批礼物，包括乐师、兵车、歌女以及乐器。

晋悼公见到礼物，非常高兴，将歌女分赠了一半给他的谋臣魏绛，说："你这几年为我筹谋划策，办事都很顺利，我们如奏乐一般合拍，真是太好了。现在让咱俩一同来享受吧！"魏绛谢绝了晋悼公的分赠，并且劝告晋悼公说："事情之所以办得顺利，首先应归功于您的才能，其次是同僚们齐心协力，我个人有什么贡献可称道呢？还望您在享受安乐的同时，能想到国家尚有许多事情要办。《书经》上说：'居安思危，思则有备，有备无患。'谨以此句献给您！"晋悼公接受了魏绛的意见，从此对他更加敬重。

清·王翚《水阁延凉图》

持身如泰山九鼎凝然不动，则愆尤
自少；应事若流水落花悠然而逝，则趣
味常多。

菜根谭

名句·修身篇

【注释】

持身：立身，修身。九鼎：比喻分量重。凝然：静止不动。愆尤：罪过。

【译文】

坚守自己的修身原则，如泰山九鼎一般不动摇，则过失自然而然就少了；应对具体事情的时候，若能像落花流水一样悠闲自在，这样生活才会常有趣味。

【道理】

原则不能动摇，但生活需要乐趣。这就需要"战略上重视，战术上藐视"，才能在持身中正的同时，享受到生活的雅趣。

谢安下棋

南北朝时，前秦皇帝苻坚曾亲自率兵南下攻打东晋。由于他号称百万大军，东晋都城建康一片慌乱。危急时刻，谢安被任命为征讨大都督，迎战苻坚。

侄儿谢玄向谢安请示如何作战时，谢安只是面色平静地说了一句："我已经安排好。"谢玄不敢多问，只好派他手下去再次请示。这次谢安只字未答，而是下令准备车马前往东山的别墅。众亲友全部到后，谢安就与谢玄下起围棋来，赌注就是所在的那座别墅。平时谢安的围棋水平远低于谢玄。但是这天，由于谢玄对时局心存忧惧，最终输掉了棋局。谢安赢棋后，回头对外甥羊昙说："这座别墅赏给你啦！"接着，谢安又带领众人游山玩水到晚上。回去后，谢安才给众将帅分派了作战任务。

后来谢玄等人打败了苻坚，捷报传来时谢安正在和一个朋友下围棋。谢安看完捷报后轻轻放在一边，脸上毫无喜悦之情，继续照常下棋。朋友忍不住问他，他只是轻声说道："孩子们已经打败敌人了。"

清·顾绣《竹林七贤图》（局部）

哲士多匿采以韬光，至人常逊美而公善。

【注释】

哲士：有知识有智慧的人。

匿：隐藏。采：同"彩"，光彩之意。韬光：比喻隐藏名声和才华。

至人：古时指道德修养最高的人。逊美：对好事推让。公善：将善行归功于大家。

【译文】

哲士大多都将自己的名声和才华隐匿起来，至人常常对自己的美誉表现出谦逊推让的态度，而将善行归功于大家。

【道理】

真正的强者往往不事张扬，善于隐藏自己的锋芒。

"小太宗"李忱

有唐一代除了唐太宗、武则天、唐玄宗以外，还有一位极富传奇色彩的皇帝——唐宣宗李忱。宣宗在位十三年，颇有政绩，被后世誉为"小太宗"。他原名李怡，是唐宪宗第十三子，穆宗之弟，敬宗、文宗、武宗三兄弟的叔父，也是唐朝历史上唯——一位以皇太叔身份继位的皇帝。

由于生母身份低微，虽被封"光王"，但却鲜有真正享受到亲王待遇。加之他从小就显得沉默寡言、呆滞木讷，所以后宫的人都觉得他不聪明。而李忱自宪宗遇害后，更是在任何公开的场合都一言不发。每逢家宴集会的时候，唐文宗最喜欢做的就是逗李忱发言来当作笑料。而武宗在位的时候，对李忱就更加无礼了。

等到唐武宗病危之后，把持朝政的宦官们开始在暗中物色新帝人选。由于觉得李忱呆傻、软弱可欺，易于控制，他们决定拥立李忱做皇帝。然而就在李忱得到监国的权力时，人们发现李忱处理朝政、裁决军务有条不紊。这才明白过来，他之前的三十多年其实是在韬光养晦。

宋·佚名《春宴图》（局部）

读书穷理，要以识趣为先。

【注释】

穷理：深入了解事物之理。识趣：识见志趣。

【译文】

读书识理，需要以领会其中所含的志趣为第一要务。

【道理】

朱熹说，为学之道，莫先于穷理；穷理之要，必在于读书。而读书的首要目的在于明白志趣，有志趣，自成高格。

为君子学

孔子的教育理念中一直提倡一个观念，那就是"为君子学，不为小人学"。也就是说，学习要以修身为目的，而不要以功利为目的。

当年孔子的学生子游（也就是言偃，著名的"孔门十哲"之一），曾经在武城当县令。武城位于鲁国边境，战事频繁，故百姓多尚武。子游到任后，尊崇孔子的思想，兴办教育，以诗书礼乐教化民众。

几年后，孔子受子游邀请前往武城。刚刚进入武城境内，孔子就听到了弹琴和唱歌的声音。孔子不由得笑道："杀鸡哪里用得着牛刀？"子游答道："过去我曾听夫子您说过：君子经过学习就会懂得仁爱，普通人经过学习也能够便于管理。"听到弟子能够这样身体力行地贯彻自己的教育理念，孔子立刻纠正了自己之前的言语。他马上对随行的弟子说："你们几个注意了，言偃说得非常正确。我之前说的话权作戏言。"

明·丁云鹏《六祖像》

> 至人常若无若虚，而盛德多不矜不伐也。

一字之师

元代蒙古族诗人萨都剌，字天锡。有一次，他写了两句诗："地湿厌闻天竺雨，月明来听景阳钟。"很多人都对这两句诗十分满意，包括他自己。唯有一个不知名的老者，连连摇头，不以为然。萨都剌便赶紧向老者讨教。老者说："此联虽好，但上半联已有一个'闻'字，下半联又用一个'听'字，字虽有异，却皆隐'耳'意，恰犯诗家大忌。"萨都剌恍然大悟，忙问："依您之见，改什么字为好？"老者答道："唐人诗中不是有'林下老僧来看雨'的佳句吗？不妨把其中的'看'字借来一用。"

"闻"改为"看"，不但避免了重复，更符合诗的"工对"，而且"看"比"闻"更直观，愈发显得情景交融、有声有色，因而更能表现"厌"的情绪。萨都剌随即俯身叩首，拜老者为"一字之师"。

清·《仇英绘后赤壁赋图》（缂丝）（局部）

木床石枕冷家风，拥衾时魂梦亦爽；麦饭豆羹淡滋味，放箸处齿颊犹香。

【注释】

衾：被子。箸：筷子。

【译文】

睡木床、枕石枕的生活虽然清寒，但抱着被子睡觉时会觉得做梦也香甜；粗茶淡饭虽然清淡，但放下筷子会觉得唇齿之间留有余香。

【道理】

整日追名逐利的人，即使富贵了也有魂梦不安的时候。如若心境平和，虽家境清贫，亦可过得怡然舒心。

范宣乐道安贫

范宣，晋代著名儒士，河南陈留人。他从小学习儒家学说，很有成就，十岁就能背诵《诗经》《尚书》。但他家境十分贫寒，需要亲自下田耕种度日，生活十分窘迫。双亲去世时，范宣自己背土垒坟，然后在墓边搭了个茅屋，为双亲守孝。太尉郗鉴曾举荐他为官，但他推辞不就；豫章太守殷羡见他家的茅屋都破了，想为他建一座房屋，亦被范宣婉拒；庾爰之看范宣贫困，又加上遇上荒年，疾疫流行，就想给他些钱，范宣也谢绝了。

范宣感慨魏晋之际的读书人，不尊崇儒家学说，却以行为放诞为高明，以致老庄之学盛行。为改变当时的清谈之风，他招集生徒，以讲授儒学为业。谯国名士戴逵等人都曾慕名到他那里学习。因此，《晋书·儒林传》评论范宣"乐道安贫，弘风阐教"。成语"乐道安贫"便由此而来。

清·郑岱《松荫清话图》

学者要收拾精神并归一处。如修德而留意于事功名誉，必无实诣；读书而寄兴于吟咏风雅，定不深心。

【注释】

收拾精神：收拾散漫的意志，集中精力。实诣：实际的造诣。

【译文】

为学之人要让自己的精神集中到一处。如果在修身立德的时候又追求事业、功名和名声，必定不会有什么实质性的造诣；如果一边读书一边将注意力放在卖弄诗词风雅上，则求学之心一定不会有多深。

【道理】

人的精力是有限的，彼长则此消，所以古往今来人们都强调做事要专心，特别是在治学的时候，一定要心无旁骛。

梓庆鬼斧神工

春秋时期，鲁国有个技艺高超的木匠叫梓庆。

有一次，他用木头制作鐻（古代的一种乐器，为猛兽形，置钟旁）。等鐻完工后，见者无不惊叹这是鬼神的技艺。鲁侯见了就问他："先生是用什么法术做成的呢？"

梓庆回答说："微臣不过是一名工匠，哪里会什么法术？不过即便如此，我还是有一种本领：当我打算做鐻的时候，从不敢随便消耗自己的精力，必定要斋戒静心。斋戒三日后，便不敢再对行赏奖励、爵位俸禄等有想法；斋戒五日后，便不敢再想是否他人对我会有赞誉或非议；斋戒七日后，我就已经完全忘记自己四肢和形体的存在了。这个时候，我的意识里已经没有了君上和朝廷，专注于技巧而不拘泥于外形。然后我会进入山林，观察木材的质地，选择最适合镶的材料，这时已成形的镶的形象便浮现在我眼前，然后我再动手制作。如果不是这样，我就会停止制作。我用一个木工的天性去结合木料的天性，制成的器物会被疑为鬼神的技艺，大概就是这个原因吧。"

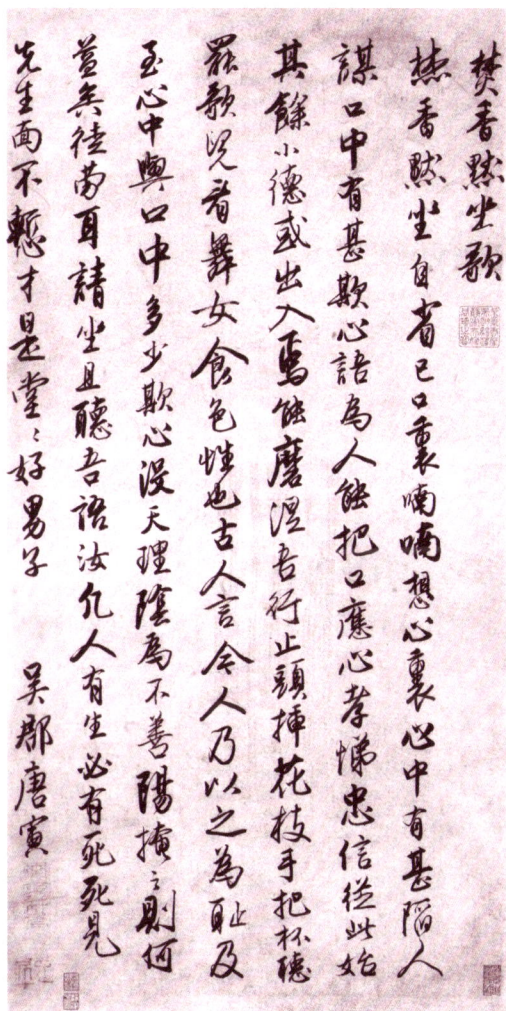

明·唐寅行书《焚香默坐歌》

君子欲无得罪于昭昭，先无得罪于冥冥。

【注释】

昭昭：指为阳、为天、光明之处。冥冥：指为阴、为地、幽暗之处。

【译文】

君子要想在明面上没有过失，那就先要在细微处、暗地里没有过错。

【道理】

中医有一个观点叫"治未病"，即在未形成明显病症的时候就将潜在的不利于健康的因素消除。其实修身处世亦是如此，很多时候需要在没有形成明显过错的时候，将可能导致过失的细微的不当之处改正。

灭官烛看家书

在宋代周紫芝的《竹坡诗话》中记载了这样一个故事：

北宋时期，博州有位州官，向来为人严谨、廉洁奉公，从不贪占官府一点便宜。一天晚上，正批阅公文的时候，他收到了一封家书。谁知他立刻让差人把公家的蜡烛吹灭，把自家购买的蜡烛点上，才拆开书信来阅读。等到看完了，他才让差人将公家的蜡烛点燃。差人不由得感到疑惑：难道官烛不如私烛明亮吗？后来才知道，这样做只是因为州官认为这是个人私事，不应点官家的蜡烛。

作者周紫芝对这一行为并不太赞同，他在文后评道："廉白之节，昔人所高，矫枉太过，则其弊遂至于此。"然而，这位州官在灯烛这般细微之处都如此谨慎，想来其他方面应该更是清廉自律了吧。

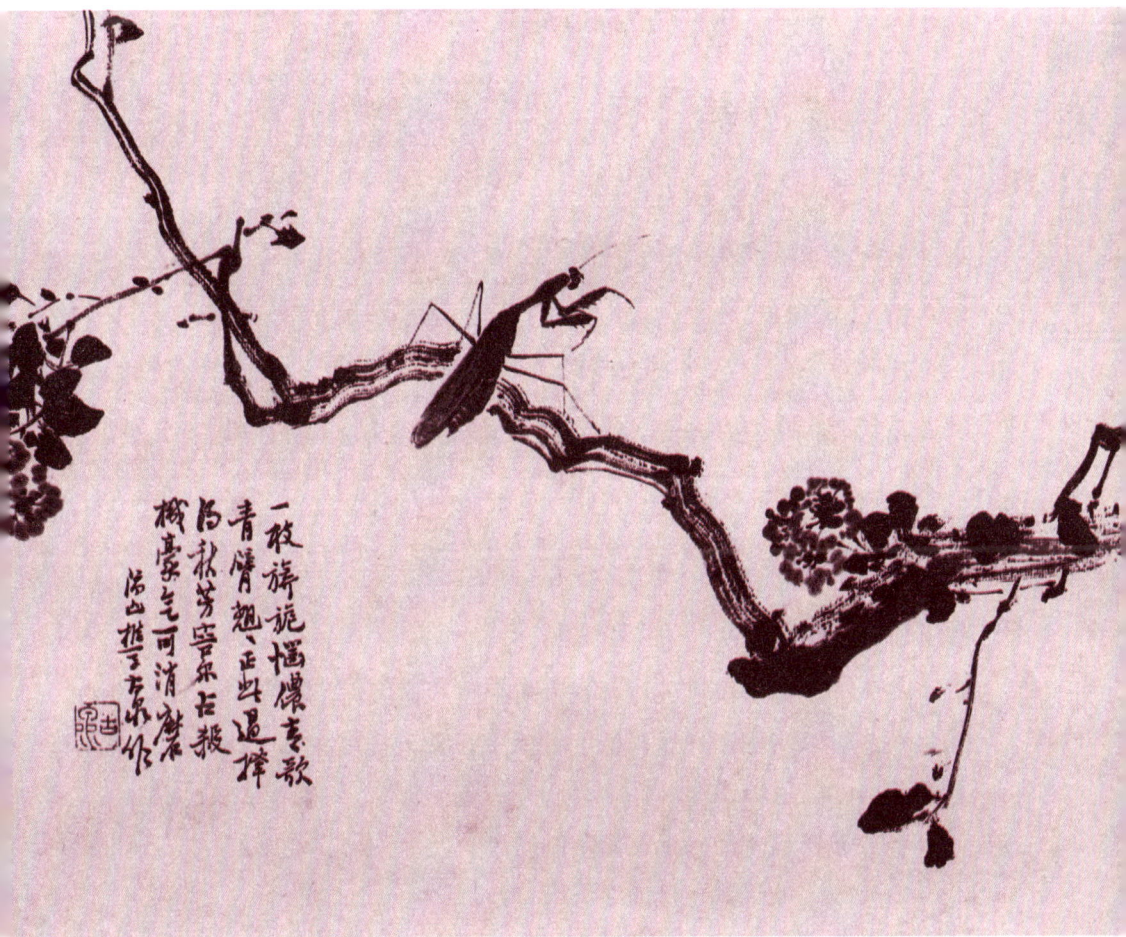

清·居廉《紫藤图册》（之三）

栖守道德者，寂寞一时；依阿权势者，凄凉万古。达人观物外之物，思身后之身，宁受一时之寂寞，毋取万古之凄凉。

【注释】

栖：寄托。依阿：屈从，迎合。达人：通达事理之人。

【译文】

坚守道德的人，虽然有时会遭受短暂的冷落，而依附迎合权势的人，却会遭受永久的寂寞。通达事理之人看重物质以外形而上的东西，又能顾忌死后的名声，所以宁愿承受一时的寂寞，也不愿遭受万古的凄凉。

【道理】

有人看重的是眼前富贵，有人则属意于身后美名。前者貌似聪明，往往最后身败名裂；后者看似凄惨困苦，却常常流芳百世。

留取丹心照汗青

文天祥，南宋民族英雄，在南宋皇室投降元军后仍坚持抗元，直至兵败，自杀殉国未遂后被俘。在狱中，文天祥以一首七律明志，这就是著名的《过零丁洋》：

辛苦遭逢起一经，干戈寥落四周星。

山河破碎风飘絮，身世浮沉雨打萍。

惶恐滩头说惶恐，零丁洋里叹零丁。

人生自古谁无死？留取丹心照汗青！

此后文天祥被押送到元大都囚禁了三年。在这期间，元军千方百计地对文天祥劝降、诱降、逼降，参与劝降的人物之多、威逼利诱的手段之毒、许诺的条件之优厚、等待的时间之长久，都超过了其他的宋臣。可文天祥丝毫不为所动，甚至连忽必烈大汗亲自劝降都未能将他说服。元朝廷还让他阅读在元宫中为奴的女儿的书信，企图利用亲情来软化他。文天祥虽然痛断肝肠，但仍然坚定地表示国既破，家亦不能全。因为这样的骨肉团聚，就意味着变节投降。

公元1282年，文天祥面向南方几拜后，从容就义。

宋·文天祥《上宏斋帖》（局部）

士君子幸列头角，复遇温饱，不思立好言、行好事，虽是在世百年，恰似未生一日。

【注释】

头角：崭露头角，初露出优秀才能。

【译文】

君子如有幸在崭露头角之列，加上又能够丰衣足食，如果不思考着著书立说留些好文章，做些好事

情的话，即便是活过百岁，也就像没有在这世上生存过一天一般。

【道理】

中国自古就有立德、立功、立言的"三不朽"之说，彰显着儒家积极入世的热情。

韩世忠怒斥秦桧

宋代名将韩世忠，一生戎马，勇气过人，武艺超群，战功赫赫，在抗击金、辽和西夏的战争中立下了汗马功劳。韩世忠擅长制器，名震后世的克敌弓、连锁甲、狻猊鏊等皆出自其手。他仗义轻财，持军严整，与士卒同甘苦，加之他知人善用，提拔了一批如成闵、解元等名将，使麾下的韩家军勇猛善战，堪与岳家军齐名。韩世忠曾将金兵阻挡在黄天荡长达四十八天，一扫金兵威风，极大地鼓舞了南宋军民的士气。

韩世忠与岳飞均为主战派，反对议和，他曾多次上疏批评秦桧

误国。当时文武百官忌惮秦桧的势力，莫不依附或自保，只有韩世忠一人敢于伸张正义，不与其亲近。而后来岳飞蒙冤入狱，满朝文武均不敢言，唯有韩世忠敢于连连上疏请求释放岳飞，还曾当面质问秦桧。在得到秦桧对岳飞一案"其事体莫须有"的解释时，韩世忠"怫然变色"，怒斥秦桧道："'莫须有'三字，何以服天下？！"

清·曾国藩《行书七言诗》

海外威名迥不侔，书生慈岭南水陆烟尘扫，盗匪纷纷一旦休。

岭南水陆烟尘扫，盗匪纷纷一旦休。

君子当存含垢纳污之量，不可持好洁独行之操。

菜根谭

名句·修身篇

【注释】

垢：污秽，脏东西。量：度量。操：行为，品行。

【译文】

君子应当有容纳各种人和事的度量，不能自命清高，孤芳自赏。

【道理】

所谓"厚德载物"便是指要有容人的雅量，这才是真正的君子气度。

范尧夫的雅量

范尧夫是北宋著名文人范仲淹之子，曾官居宰相，有"布衣宰相"之称。他与大儒程颐素有交往。但程颐平时在人前人后，常常指责范尧夫的过失，并说他非宰相之才。有人告知范尧夫，他却笑而不语。范尧夫卸任后，一次，二人闲谈时，说起范尧夫以前当宰相的事时，程颐指出他有许多地方做得不好，应该觉得惭愧。范尧夫一听，立即严肃而谦恭地请程颐指教。程颐便指出当年因他未曾在朝堂上据理力争，致使苏州有百姓蒙冤成为官府眼中抢掠粮仓的暴民等事情。

一次，程颐趁觐见宋神宗时，大谈治国安邦之策。神宗赞叹之余，感慨他大有当年范相进谏之风。程颐不以为然，很是质疑。神宗便命人抬来范尧夫当年的奏折。程颐仔细一读，发现他所指责的事，范尧夫其实早已谏过，只是后来因为各种原因，施行不力罢了。

第二天程颐便登门向范尧夫道歉。范尧夫明明被误解，却不争辩，可见其雅量非凡。

明·佚名《范仲淹像》（局部）

> 天薄我以福，吾厚吾德以迓之；天劳我以形，吾逸吾心以补之；天扼我以遇，吾亨吾道以通之。天且奈我何哉！

【注释】

迓（yà）：迎接。形：形体，实体。逸：安适，安逸。扼：控制，阻碍。遇：机遇，机会。亨：通达，顺利。

【译文】

如果上天给我的福分很薄，我就多做善事来培养我的福分；如果上天让我身体劳苦困乏，我就用心灵上的自逸来弥补它；如果上天用穷困折磨我，我就开辟求生之路来走出困境。那样的话，上天也不能把我怎样了！

【道理】

人生在世不如意者十之八九，最重要的是如何去面对这些缺憾。如果以最大的努力去抗争，去弥补，幸运之神总会垂青。

以勤补拙的曾国藩

曾国藩曾被许多近现代名人高度赞扬，然而就是这位被称为"千古第一完人"的著名人物，却自称"才干不如左宗棠，做官不比李鸿章"，而且自认并不聪明。

据说，曾国藩小时候在家读书，恰好有一小偷行窃至此。本想等他睡着后再进去，谁知他读了一遍又一遍，就是背不会。小偷等不及了，跳出来说了句："你这样笨还能读书？"然后将那篇文章背了一遍，扬长而去。而且曾国藩的科考也并非想象的那样顺利，而是反复考了七年才考中了秀才。可见其真的不算聪慧过人。

然而凭着自己的勤奋努力，他在中进士后获得咸丰皇帝的信任，十年间七次升迁，成为礼部侍郎。学术方面，他秉承桐城古文派传统，精于研读，重视考据，著书立说，被时人尊为继朱子之后的儒学大师。

清·曾国藩《行书七言诗》

幼读兵书志自专，督操团练忆当年。水师统后声名振，鏖战鄱湖胜贼船。

> 德者才之主，才者德之奴，有才无德，如家无主而奴用事矣，几何不魍魉猖狂。

【注释】

几何：表反问。魍魉（wǎng liǎng）：传说中的鬼怪。

【译文】

品行是才能的主人，才能是品行的奴仆。有才能而无品行，就好比一个家庭没有主人而奴仆当家主事一样，岂有不使小鬼肆意妄为之理呢？

【道理】

司马光说："德胜才者谓之君子，才胜德者谓之小人。"人无德不立，以德御才、德才兼备是古往今来公认的贤德标准。

轻狡反复吕奉先

吕布，字奉先，东汉末年名将，被视为"三国第一猛将"。然而他虽勇猛无双，但少有计谋，且为人反复无常，唯利是图，这些都注定了吕布仅能称雄一时。

吕布早年曾先后追随丁原、董卓，历任主簿、骑都尉、中郎将。然而受利欲驱使，他先杀丁原取信于董卓，再同王允等人刺杀董卓。

此后，他先后投奔袁术、袁绍，均因太过骄横为二袁所不容。他在和曹操争抢兖州失败后投奔刘备，却在刘备与袁术相争之时乘机夺了刘备领地徐州。刘备势力壮大后，吕布备感威胁，于是联合袁术攻打刘备，迫使刘备西投曹操。

东汉建安三年（公元198年）夏，刘备收降韩暹、杨奉的兵马后实力大大增加，但却被闻讯而来的吕布逼得只身出逃。曹操随即攻打吕布老巢——下邳。强兵连月围困，加之吕布不擅用人之道，致使军中上下离心，数名大将接连反叛。吕布见大势已去，只得下城投降。

据记载，吕布曾在曹操面前请求归顺，然而因为刘备提醒曹操说到当年丁原、董卓的下场，一代猛将吕奉先最终被曹操缢杀。

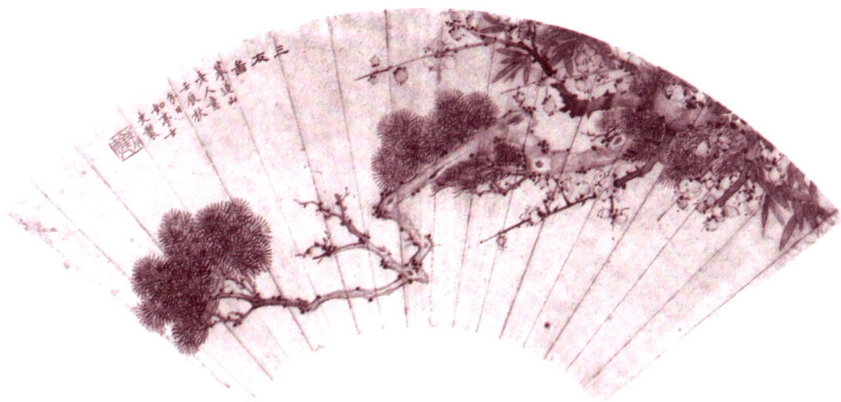

清·铁保夫人《岁寒三友图》

> 俭，美德也，过则为悭吝、为鄙啬，反伤雅道；让，懿行也，过则为足恭、为曲礼，多出机心。

菜根谭

名句·修身篇

【注释】

悭吝：小气。鄙啬：吝啬。懿：美。足恭：过度谦恭。曲：邪僻，不正派。机心：心思，计谋。

【译文】

俭朴是美德，但过分俭朴就是吝啬，反而有伤大雅。谦让是高尚的行为，但过度谦让就显得曲意为之，往往出于某种狡诈的心思。

【道理】

"有礼有度"一向是古人所推崇的行事原则。即使是节俭和谦让这两样古人最看重的德行，也要讲究个"度"，否则反而会让人看不起或者心生防备。

王莽的"谦恭"

王莽，字巨君，西汉末年人。他幼年坎坷，父兄先后去世，由叔父抚养长大。不同于王氏其他生活奢靡的族人，王莽生活简朴，为人谦恭，勤劳好学，服侍母亲及寡嫂，抚育兄长遗子，行为严谨检点。他对外结交贤士，对内侍奉诸位叔伯，十分周到，成为当时的道德楷模，声名远播。

当上大司马后，王莽"克己不倦"。他母亲生病时，众公卿高官纷纷遣夫人前来问候，然而王莽妻子出迎的时候，衣服短小，仅能遮住膝部，众人见了，竟以为是一名仆人，一问，才知是王莽夫人，顿时大惊。

汉哀帝继位后，王莽退隐新野。其间他二儿子王获因杀死家奴，竟被王莽逼迫自杀。王莽此举更是得到世人好评。后来哀帝去世，王莽重新受任大司马，兼管军事令及禁军，继而晋爵安汉公，加号宰衡，权倾一时。

然而一直刻意维护自身道德楷模形象的王莽，实则"多出机心"。权力欲望极度膨胀之后，他终于在公元8年篡位称帝，改国号为新。

清·王素《步步金莲图》

出世之道，即在涉世中，不必绝人以逃世；了心之功，即在尽心内，不必绝欲以灰心。

【注释】

出世：脱离俗世。了心：了悟心性。

【译文】

脱离俗世的方法，还要在与俗世的交道中寻觅，不必离群索居逃避俗世；了悟心性的功夫，就在心念回转之间，不必断绝一切欲望使得心如死灰。

【道理】

出世、涉世不过是外在的形式，悟道、了心的思想精髓才是关键。

孟子评陈仲子

孟子和匡章谈到陈仲子时说："陈仲子哪能叫做廉士？要推广他的操守，那只有把人变成蚯蚓才能办到。蚯蚓在地上吃土，在地下喝泉水。陈仲子住的房屋，是像伯夷那样的廉士修筑的，还是像盗跖那样的强盗修筑的呢？他所吃的粮食，是像伯夷那样的人种植的，还是像盗跖那样的强盗种植的呢？这可说不准。"

匡章说："那有什么关系呢？他亲自编草鞋，他妻子绩麻织布，用以交换生活用品。"

孟子说："陈仲子是齐国的世家子弟，他的哥哥在盖邑的俸禄有几万石。他认为哥哥的俸禄是不义之财而不用，认为哥哥的住房是不义之产而不去住，避开哥哥，离开母亲，住在於（wū）陵这个地方。有一次他回家里去，正好看到有人送给他哥哥一只鹅，他皱着眉头说：'要这种叫唤的东西做什么呢？'后来，他母亲把那只鹅杀了给他吃，他的哥哥恰好回来，看见后便说：'你吃的正是那叫唤的东西的肉。'陈仲子于是就出门将食物呕吐出来。母亲的食物不吃，却吃妻子的；哥哥的房屋不住，却住在於陵，这能够算是推广他的廉洁的操守吗？像他那样做，只有把人变成蚯蚓之后才能够办到。"

明·陆治《桃溪渔隐图》

我不希荣，何忧乎利禄之香饵；我不竞进，何畏乎仕宦之危机。

【注释】

竞进：求上进。

【译文】

我不求荣华富贵，怎么会担忧名利官禄的诱惑？我不求加官晋爵，怎么会害怕官场上的危机呢？

【道理】

无欲则刚。没有企求荣华富贵的欲望，便不会对与之伴生的诱惑、危机心生畏惧。

范蠡功成身退

范蠡是帮助越王勾践复国雪耻的重要人物，他曾随勾践同往吴国作为人质，君臣共为奴役长达三年；他曾为勾践提出兴国大计，也曾与文仲一起向勾践提出灭吴七计。然而就在勾践灭吴后，范蠡决定离开勾践，退隐民间。

相传，范蠡在向越王勾践辞行的时候，勾践曾流泪挽留，说："先生走了，我以后依靠谁？如若你留下，我可以分一半的国家给你；如果你走了，我就杀了你的妻儿。"范蠡则坚定地说："我听人说，君子顺应形势，有计不急于成功，死了也不被人猜疑，内心也不自欺。我既然走了，我妻儿又会犯什么罪呢？"于是范蠡便收拾细软，乘舟离开了。此后勾践仍封了他妻子百里之地，并命人铸范蠡金像置于案右，以示仍与其共议朝政。

　　相对于范蠡的逍遥自在，文仲不听其劝告，受封高位后，渐为勾践所疑，终日惴惴不安，但仍逃不掉被赐死的悲惨结局。

清·高岑《山水图》（局部）

学者当栖心元默，以宁吾真体。亦当适志恬愉，以养吾圆机。

【注释】

栖心：寄心。元默：沉静无为。真体：本体。适志：做事情符合自己心意。圆机：无象之象，无机之机，传统人文思想体系中最高的精神境界，在某种程度上可以理解为圆融、无偏狭的一种思想状态。

【译文】

为学之人应当让自己的心静下来，用这种沉静无为保持自己心灵的本来面目，同时还应当做些符合自己心意的事情，让自己心境愉悦，这样才能保持自己那种圆融之态。

【道理】

太多的世俗纷扰会让人迷失本心本性，但一味地追求静寂无为也会让人心灰意冷。只有既保持心灵的安宁，又保持心情的愉悦舒畅，这才是一种较为理想的心理状态。

文武之道

有一次，子贡跟随孔子去观看蜡祭（周朝时，年终合祭万物之神的大型祭祀）。孔子问子贡："赐（子贡的名），你是不是也很快乐呢？"子贡回答道："一路看来，全国的人都如同发狂一样，我实在不能体会这种快乐。"于是，孔子说："要一直把弓弦拉得很紧而不松弛一下，即便是周文王、周武王这样的圣贤明君也无法做到；一直不拉动弓弦，让其始终松弛，周文王、周武王这样的圣贤明君是不

愿这样做的。只有有时拉紧，有时放松，才是文王、武王的治国之
道。"

　　孔子以拉弓作比喻，为子贡讲述了既要让百姓正常劳作，又要与
民休息的治国之道。养心也是如此，既要让自己不被世俗琐碎之事终
日困扰，又要做些修身养性之事，让心灵不会因为无为而枯寂。

明·陈洪绶《松下读书图》（局部）

昨日之非不可留，留之则根烬复萌，而尘情终累乎理趣；今日之是不可执，执之则渣滓未化，而理趣反转为欲根。

【注释】

根烬：残根，灰烬，比喻未能根除的部分。尘情：凡心俗情。理趣：概指道理、哲学玄思以及人生智慧。执：坚持，这里是偏执的意思。

【译文】

对过去的错误不能有任何保留而必须去除，否则就会使其有再度滋生成长的可能，使凡心俗情妨碍了理智；当下看来正确的道理也不能一味坚持不变，否则这智慧道理反而会转化为一种强烈欲念的基础。

【道理】

很多道理都是在一定条件下才成其为道理的，若不知道时移势易，不懂变通，就会因教条化而失去对真理的把握。

循表夜涉

在《吕氏春秋》中记载了这样一个故事：

楚国人想要趁宋国人不备进行偷袭，于是派人先去测量了滩河水的深浅，并做好了记号。后来河水突然大涨，但楚国人并不知道，依然按着原来的标记在夜间渡河，结果淹死了一千多人，哀鸿遍野，极其惨烈。其实，先前他们设立标记的时候，是可以根据标记渡水的。

但水位已经发生变化，上涨了很多，楚国人还按照原先的标记来渡河，这样不知变通就是他们失败的原因。

所以，就如同良医治病，病情千变万化，药也要随之变化。一旦客观情况发生了变化，就要相应地采取适当的措施，否则不但不能有效地解决问题，反而可能会导致大错。

明·马轼《归去来兮图之一——问征夫以前路》

拨开世上尘氛，胸中自无火炎冰兢；消缺心中鄙吝，眼前时有月到风来。

【注释】

火炎冰兢：比喻人情冷暖。鄙吝：指心胸狭窄。

【译文】

远离那些红尘世俗的繁务，自然心中就不会在意那些人情冷暖、世态炎凉；消除那些鄙俗的欲念，自然而然就会感受到云淡风轻的美好。

【道理】

陶渊明说"心远地自偏"，其实只要心境平和，走到哪里都是出世归隐；只要内心旷达，遇到什么事都会超然物外。

疑人盗斧

有个人丢了一把斧子。他怀疑是邻居家的孩子偷的，就暗暗地观察那个孩子。他看那个孩子走路的姿势，像是偷了斧子的样子；观察那个孩子的神色，也像是偷了斧子的样子；听那个孩子说话的语气，更像是偷了斧子的样子。总之，在他的眼睛里，那个孩子的一举一动都像是偷斧子的。

然而不久后，他在清理水沟的时候，找到了那把斧子。原来是他自己遗忘在水沟边上了。第二天，他再看邻居家那个孩子，一举一动、一言一行丝毫也不像偷斧子的样子了。

这个故事说明，看事物的心态和主观意识会在很大程度上影响人的判断。

元·盛懋（mào）《坐看云起图》

处一化齐⊙学者动静殊操、喧寂异趣，还是锻炼未熟，心神混淆故耳。须是操存涵养，定云止水中，有鸢飞鱼跃的景象；风狂雨骤处，有波恬浪静的风光，才见处一化齐之妙。

【注释】

殊操：行为品行不一致。

处一化齐：这里是说无论在什么样的情况下，行为举止都保持一致。

【译文】

作为有学问的人，如果面对动静有别的外部环境，有不同的言行举动，这说明他内心的历练还没有到家，心神容易受到干扰。这就需要执守自己的心志，修身养性，即使在风平浪静中也能感受到鸟飞鱼跃的生机，在狂风暴雨中也能寻得一份恬淡安然。这样才能体会听任庭前花开花落，坐看天上云卷云舒的怡然。

【道理】

心志涵养到家后，便拥有了足够的定力，即使泰山崩于前也色不改。

谢安泰然化危机

东晋时期，桓温在海西公、简文帝、孝武帝期间大权独揽，排除异己。鉴于谢氏、王氏两大家族在朝中的势力相对较大，而谢安、王坦之又是这两大家族的代表人物，桓温打算找机会除掉二人。

有一次，他事先埋伏好了士兵，然后摆下酒宴，遍请朝中大臣，准备趁此杀掉谢安和王坦之。得知消息，王坦之很害怕，问谢安该怎么办。谢安神色不变地告诉他："晋朝的存亡，就看这一趟了。"于是二人一起赴宴。宴会上，王坦之内心的恐惧还是表现在了脸上，甚至于汗湿透衣，将笏板都拿倒了。相比之下，谢安的表现则沉着从容。他看到了台阶左右的桓温卫士，却依旧神色自若地走入席位，还以受东晋士大夫追捧的洛阳口音吟诵了"浩浩洪流"之类的诗句。桓温被谢安旷达高远的气度慑服，遂解除了伏兵。

此事之前，王坦之与谢安齐名，但此事之后，二人就有了高下之分。

清·黄慎《杂画》（之七）

彩笔描空，笔不落色，而空亦不受染；利刀割水，刀不损锷，而水亦不留痕。得此意以持身涉世，感与应俱适，心与境两忘矣。

菜根谭

名句·养性篇

【注释】

锷：刀剑的刃。

【译文】

用彩色的笔在空气中描摹，笔上的颜色不会脱落，而空气也不会被染色；用锋利的刀在水中切割，刀刃不会受损，而水也不会留痕。如果能体悟这意境，并以这种空灵的心态去对待生活，就不会有任何不好的情绪和状态，从而达到物我两忘的超然境界。

【道理】

人生在世如身处荆棘林中，心不动则人不妄动，不动则不伤；如心动则人妄动，动则伤其身痛其骨，于是体会到世间诸般痛苦。

慧能的妙偈

相传禅宗五祖弘忍在年事已高的时候，打算在弟子中挑选一位传承自己的衣钵。为了找到合适的继承人，他决定考察弟子们的悟性和修为。于是弘忍让大家作偈子（含佛家义理的诗词）来阐述自己对佛法的看法。弘忍的大弟子神秀在墙上题了一首偈子："身是菩提树，心若明镜台。时时勤拂拭，莫使染尘埃。"大家都觉得这段偈子非常有禅意，便广为传诵。但这首偈子并没有得到弘忍的认可。当时在伙房里舂米的慧能听到后，就口诵一偈。由于慧能不识字，于是他就请一个会写字的小和尚帮忙写在了神秀的偈子旁边。偈子这样写道："菩提本非树，明镜亦无台。本来无一物，何处染尘埃。"意思是，世上本来就是空的，看世间万物无不是一个空字。内心如果本来是空的，就无所谓抗拒外面的诱惑，任何事物从心而过，都不会留有痕迹。这首偈子得到了弘忍的认可，他决定将衣钵传授给慧能。

宋·梁楷《六祖斫（zhuó）竹图》

愧悔二字，乃吾人去恶迁善之门，起死回生之路也。

菜根谭

名句·养性篇

【注释】

　　去恶迁善：向善而去除邪恶。

【译文】

　　悔、愧二字，就是人们去恶向

善、洗心革面的重要途径。

【道理】

　　士而不先言耻，则为无本之人。知耻，才能使人趋于完善。

放下屠刀，立地成佛

　　佛教在中国传播的历史可谓源远流长，"放下屠刀，立地成佛"也早已成为劝人向善的经典俗语。这个俗语的来历，要追溯到南北朝时期由北凉翻译的《涅槃经·梵行品》里面的一则故事：

　　相传，在波罗奈国有一个屠夫名叫广额，每天都要宰杀牲畜，杀生无数。有一次他遇到了舍利弗。舍利弗是佛陀十大弟子之一，有着"智慧第一"的美誉，持戒多闻，敏捷智慧，善讲佛法。在舍利弗的度化下，广额幡然醒悟，当即接受了佛教的"八戒"，此后不再从事屠夫这一职业，跟随舍利弗修习佛法。这八戒中第一戒就是"不杀生"。因为"不杀生"又可以泛指不造一切恶业，因此广额后来得以修成北方天王毗沙门之子，也算成了正果。于是便有了这流传后世的"放下屠刀，立地成佛"的俗语。

色界貪癡眾生苦惱飛龍骨出
情猶慈鏡中頭頸示如～庳頭大
有慈航顧　畫莫皮看訣應色變
分明佛說演花箭解鈴好證上乘
禪拈花笑學如來面調寄踏莎行
鼎銘世講屬錄今夕厰詞　嘯石楷篆

清·居廉《镜中影纨扇》（之三）

> 苦乐无二境，迷悟非两心，只在一转念间耳。

【注释】

略。

【译文】

苦和乐并不是两种不同的境界，痴迷和了悟也并非两种完全不同的思想，二者的差别只在于一个念头的转变。

【道理】

幸福快乐全凭心境。乐观的人和悲观的人，区别往往在于思考方式和处世态度不同。

哭婆和笑婆

从前有个老太太，她整天哭哭啼啼，从来就不曾笑过，因此人们称她为"哭婆"。一天，有个老禅师借宿老太婆家，看到她愁眉不展，泪流满面，就问她说："老婆婆，你为何哭泣呢？"老太太就说："我有两个女儿，大女儿嫁给一个卖雨伞的，二女儿嫁给做面条的。每次一出太阳，我就担心大女儿的伞卖不出去；可一看到天下雨，心情就难过，害怕二女儿家的面条没有太阳晒。所以，我随时都在伤心难过，只能天天哭泣。"

老禅师微笑着告诉她："其实你可以这样，以后看见太阳出来了，你就想着二女儿家的面条有了日晒，生意兴隆；天一下雨，你就想大女儿家的雨伞生意上门了。这样一来，你就不必再每天烦恼了。"老太太听了，顿时开悟，从此整天笑呵呵的，变成了"笑婆"。

替目先生小
説流稗官敲
鉢唱街頭村
翁里婦扶攜
聽償為歡欣
償為悲

御製題畫二首 癸卯秋十華
勒敬書

清·金廷标《瞎子说唱图》

耳中常闻逆耳之言，心中常有拂心之事，才是进德修行的砥石。若言言悦耳，事事快心，便把此生埋在鸩毒中矣。

【注释】

拂心：违逆心意，不顺心。砥石：磨刀石。鸩毒：鸩是一种毒鸟，相传以鸩毛或鸩粪置酒内，可制成剧毒。

【译文】

经常听些逆耳的言语，常常遇到一些违逆心意的事情，这都是能够促进德行增长的磨刀石。如果听到的每一句话都十分悦耳，遇到的每一件事都很顺心，这便如同将一生都葬送在鸩毒之中。

【道理】

"宝剑锋从磨砺出，梅花香自苦寒来"，逆境催人成长。就如同奥斯特洛夫斯基说过的那样："人的生命似洪水在奔腾，不遇着岛屿和暗礁，难以激起美丽的浪花。"

忠言良药

公元前207年，群雄并起，秦朝政权接近覆灭。刘邦的汉军先于项羽的楚军攻占秦都咸阳后，进秦宫察看。见宫内宝物无数，美女如云，便顿生贪念，想留居宫中安享富贵。武将樊哙看出了他的心思，就问他："沛公是打算要天下，还是只当一个富家翁？"刘邦说："当然是要天下。"樊哙说："秦宫里珍宝无数，美女众多，这些都是导致秦朝灭亡的原因。还请沛公速返回灞上驻守，千万不能留居在这秦宫中。"刘邦听后不悦。

张良得知后，对刘邦说："秦王昏庸无道，才失去天下。您刚入秦宫就想安于享乐，岂不置大事于不顾？况且忠诚正直的话往往不顺耳，但有利于行事；好药一般都很苦，却能治病。樊哙的话是忠言啊！"于是，刘邦听从了樊哙、张良的劝告，马上下令封库，关上宫门，返回灞上驻守，赢得了民心，这才有了后来刘氏汉家的四百年天下。

清·冷枚《养正图》（之七）
南齐时，文人范云随文惠太子至田间观看农人收获水稻，
范云告诫太子"国以民为本，民以食为天"。

洁常自污出，明每从暗生也。

【注释】
略。

【译文】
高洁的东西往往自污秽中得来，光明常常从阴暗中诞生。

【道理】
环境对一个人的品行修养有着至关重要的影响，但内因才是决定性因素，就如同淤泥会弄脏很多东西，但还是会有纤尘不染的莲花从其中长出。

桃花扇

李香君，又名李香，是明末南京秣陵教坊名妓，著名的"秦淮八艳"之一。她虽自幼生长于烟柳之地，却有着更胜男儿的铮铮铁骨。

曾经是"东林党"人士的侯方域逃难到南京，并重新组建了"复社"。其间，他结识了李香君，两人一见倾心。当时被罢官的魏忠贤余党阮大铖知道侯方域囊中羞涩，匿名托人赠送丰厚妆奁以拉拢他。李香君知晓后，坚决退回，致使阮大铖怀恨在心。

凤阳总督马士英在南京拥立福王为帝，年号"弘光"（史称南明），此后阮大铖被重新起用，他趁机陷害侯方域，迫使其投奔史可法，并强将李香君许配他人。李香君坚决不从，不惜以头撞栏。李香君的点点鲜血滴在侯方域临走时赠给她的扇子上。经过友人杨龙友的一番巧妙构思和勾勒，扇面上的血迹竟成了一幅动人的桃花图。此后，这柄桃花扇被李香君随身携带，哪怕后来被强征入宫为歌姬也从不离身。然而随着史可法战败，清军南下之后，南明灭亡，侯方域降顺了清朝，李香君最终选择了入山出家。

宋·佚名《孟母图》

立身不高一步立，如尘里振衣、泥中濯足，如何超达？

【注释】

立身：在社会上立足。

【译文】

在社会上立足，如果不能站在更高的境界看待事物，就如同想在尘雾里抖干净衣服，想在泥水里面把脚洗干净一样，哪里能够真正达到超凡明了的境界？

【道理】

无论修身还是立业都当志存高远，勤于思考，经常自省，否则就会同普通人一般无二。

苏琼置瓜梁上

南北朝时期，一个叫苏琼的人曾在南渭河做太守。他一向为官清廉，从不收受民众一钱一物。当时郡中有个叫赵颖的人曾经当过乐陵太守，而且已年逾八十，辞官归乡。有一年的五月，赵颖新收获了两个瓜，于是便亲自前来送给苏琼。因为赵颖年事已高而且苦苦请求，苏琼实在盛情难却，就将瓜放到了议事厅的房梁上，一直没有切开享用。有些人听说他收了赵颖的礼物后，也打算送些新鲜的瓜果给苏琼。然而等到了门口，才知道赵颖送的瓜还在梁上放着，只能相互对望后离开了。

苏琼从尊重长者考虑，收下了瓜。如果他把瓜自行食用，他所提倡的清廉便从此名不副实，所以他直接将瓜放置在了梁上，以此告诫后来的馈赠者，表明自己清正廉洁的为官原则。

明·杜琼《报德英华图》（局部）

苦心中常得悦心之趣，得意时便生失意之悲。

【注释】

苦心：困苦的感受。

【译文】

处于困苦境地时，应寻求苦境中的乐趣，而志得意满的时候，也应想到失意时的悲伤。

【道理】

人生道路上，没有永远的坦途，也不会永远坎坷不平。能于苦中得乐，乐中品苦，才能在命运流转中荣辱不惊，怡然自适。

翡翠白玉汤

相传，朱元璋少时曾因贫出家。但寺中香火冷清，他只好外出化缘。有一次，他一连三日没讨到东西，昏倒在街上，被一位路过的老妇救起带回家，将家里仅有的一块豆腐和一小撮菠菜做成汤给朱元璋吃。朱元璋吃后，精神大振，问老妇自己刚才吃的是什么，那老妇开玩笑说那叫"珍珠翡翠白玉汤"。

后来，朱元璋当上了皇帝，尝尽了天下美味珍馐。有一天，朱元璋生了病，什么也吃不下，于是便想起了当年在家乡吃的"珍珠翡翠白玉汤"。然而无论御厨怎么做都无法与记忆中的味道媲美。于是他发告示，征寻会做翡翠白玉汤的人。当年那个老妇得知后，便自请入宫做汤。朱元璋喝了一口，仍觉得不如当年美味，便感叹道："同是一人所做，又是一样的汤，为何今昔味道不同？"老妇道："饥不择食，淡饭成佳肴……"朱元璋感叹："婆婆一席话，胜读十年书。"

明·沈周《辛夷墨菜图》（局部）

古人以不贪为宝，所以度越一世。

【注释】

度越：度过。

【译文】

古人将不贪作为宝贵品质，并靠着它安然度过人生一世。

【道理】

贪为万恶之源，廉为传世之宝。

天下第一清官

在清朝康熙年间，有一位名闻朝野的清官，他就是张伯行。张伯行虽然四十一岁才入仕为官，但他在任期间始终忠于职守，克勤克俭，因而声名闻于天下，不但康熙皇帝对他多次表彰、擢升，百姓也称赞他是"天下第一清官"。

张伯行从山东济宁道升任江苏按察使时，因拒绝按照官场旧例给上司送礼，受到众人排挤，甚至在康熙南巡时也未得举荐。但康熙深知张伯行的品行，于是当场申斥总督、巡抚，并破格提拔他为福建巡抚。

后来张伯行因弹劾满族权贵，遭到反诬而被解职。扬州百姓罢市抗议并集体相送，张伯行婉拒各种礼物，仅收下了一把青菜。冤案得以昭雪后，江苏官民争相庆祝，并书红幅"天子圣明，还我天下第一清官"表达欣喜。

　　张伯行历经三朝，为官清廉，恪尽职守，虽屡遭诬陷，但终有惊无险，得以安享古稀之寿，终年七十五岁。

清·柳溪《携琴访友》

> 天地有万古，此身不再得；人生只百年，此日最易过。幸生其间者，不可不知有生之乐，亦不可不怀虚生之忧。

【注释】

　　万古：万代，万世，形容时间久远。虚生：虚度此生。

【译文】

　　天地是可以万古长存的，而人的生命只有一次，不可再生；人一生最多就百年的时间，很容易就过去了。有幸生活在这个世间的人，不应该不懂得拥有生命的快乐，也不应该不怀有对虚度此生的担忧。

【道理】

　　与悠悠天地相比，人的寿命有如蜉蝣，朝生暮死。人生无常，不应虚度，当珍惜生命，追求生命存在的本义。

守岁的传统

　　我国民间向来有守岁的传统习俗，人们往往在除夕当晚整夜不睡，直至初一清晨。据晋代《风土记》记载，当时在蜀地就有"酒食相邀为别岁，至除夕达旦不眠"的情形。唐宋诗词中也屡见描写除夕守岁的句子。其中对这一习俗描写最形象的要数孟元老的《东京梦华录》："是夜，梦中爆竹山呼，声闻于外。士庶之家，围炉团坐，达旦不寐，谓之守岁。"

　　对于守岁的来历，人们往往倾向于珍爱光阴的解释。除夕是新旧年岁更迭之时，它的到来意味着人们又要送走一年的时光，"一寸光阴一寸金"，人们在寄希望于来年的时候，又想抓住旧岁，于是便有了这守岁的习俗。最能代表这一思想的就是席振起的《守岁》诗："相邀守岁阿咸家，蜡炬传红映碧纱。三十六旬都浪过，偏从此夜惜年华。"

明·张翀《春社图》（局部）
《礼记·月令》载春社事，实盖乡人祀社稷播谷之典。

持盈履满，君子尤兢兢焉。

【注释】

持盈：比喻处在事业或生活的最好状态。履满：指福寿完满。兢兢：小心谨慎的样子。

【译文】

当处在事业或生活的巅峰状态的时候，君子依然是十分小心谨慎的。

【道理】

即使处于意得志满的顺境，也应当谨言慎行，这既是修身养性，也是为人处世的原则。

器满则覆

有一次，孔子带领弟子前往鲁桓公的宗庙参观，看见一个倾斜的器皿。孔子就问守庙者："这个器皿叫什么？"得到的回答是："这个是宥坐器。"孔子说："我听说过这种宥坐器，它空着的时候就是倾斜的，东西装得适中的时候就刚好回到正位，装得太满的时候就会倾覆。明君以它为戒，常常将其放在座位旁边。"于是，孔子就让弟子试着往里面注水，果然如其所言。这时，孔子不禁感叹："唉！世上哪里有满了而不倾覆的东西啊？！"子路上前来问道："请问有保持满的状态而不倾覆的方法么？"孔子回答道："聪明睿智要以大智若愚来守成；盖世功劳要以守礼谦让来守成；勇猛过人，要以谨小慎

微来守成；富有四
海，要以虚心谦恭
来守成。这样才差
不多可以做到。"

宋·刘松年《罗汉画》

宠辱不惊，闲看庭前花开花落；去留无意，漫随天外云卷云舒。

【注释】

去留：指出仕与归隐。

【译文】

无论是受宠或受辱都不在意，才能以安闲的心情品味花开花落的雅趣。出仕与归隐都不在意，把这些个人得失看得像天上浮云变幻一样。

【道理】

得失之心太重，则心有樊篱，身为物役。君子修身养性，往往从平和心态开始。

扁庆子答孙休

《庄子·达生》中写到一个叫孙休的人。有一天，他叩门求见老师扁庆子，并十分困惑地问道："我安居乡里不曾被人说过道德修养差，面临危难也没有人说过不勇敢；然而我的田地却从未遇上过好年成，为国家出力也未遇上圣明的国君，被乡里摈弃，受地方官放逐……我对于上天有什么罪过吗，怎么会遇上如此的命运？"

扁庆子说："你不曾听说过那道德修养极高的人的身体力行吗？忘却自己的肝胆，也忘却了自己的耳目，无心地纵放于世俗之外，自由自在地生活在不求建树的环境中，这就叫做有所作为而不自恃，有所建树而不自得。如今你把自己装扮得很有才干，以让别人惊讶，用修养自持的办法来突出他人的污鄙，这明显得如同举着太阳和月亮走路。你得以身形俱全，九窍完备，中途没有因为聋、瞎、跛、瘸而夭折，还处于寻常人的行列，就是万幸了，又有什么值得抱怨上天的呢？"

清·居廉《山水图册》（之二）

喜寂厌喧者，往往避人以求静。不知意在无人，便成我相，心着于静，便是动根。如何到得人我一空、动静两忘的境界！

【注释】

人我一空：我和别人同样被遗忘。

【译文】

喜欢幽静讨厌喧嚣的人，往往避开众人以寻求安静。其实他们不知道，当刻意去追求无人之地的时候，便成了一种对客观世界的要求；心中刻意追求平静的意念，便是骚动的根源。这样哪里能够得到内外一体、动静皆忘的境界？

【道理】

世人往往因为一念的执着而无法摆脱尘世俗念的羁绊，无法从不安的情绪中解脱出来。其实，真正的静来自内心的安宁，即所谓"心远地自偏"。

丹霞烧木佛

在《宋高僧传》中，记载了一桩著名的禅门公案：

唐代宗元和年间，丹霞天然禅师在洛阳龙门香山居住。一次冬日外出到慧林寺时，遇到了大寒天气，丹霞便将寺中木佛取了一尊烧火取暖。住持大惊，呵斥道："你怎么能烧了我们庙里的佛像呢？"丹霞用拄杖在火堆里拨了拨，说："烧它是为了取舍利子。"住持说："木雕佛像里怎么会有舍利子？"丹霞说："既然没有舍利，那便不是真佛，我就再取两尊来取暖吧。"

如同《大乘妙法莲华经·方便品》中佛陀所讲："吾从成佛已来，种种因缘，种种譬喻，广演言教，无数方便，引导众生，令离诸著。"佛陀所讲皆为"演教"之方便法门，而非佛法本身，听者只需从中体悟佛法，不应执著于经文、佛像本身，这样才能经由表象进入本质，真正了悟"一切法自性空"的佛法真谛。

明·郑重《一指华严》

> 容得性情上偏私，便是一大学问；
> 消得家庭内嫌隙，才为火内栽莲。

【注释】

火内栽莲：又称"火中栽莲""火里栽莲"。莲花本是水生植物，却要将其栽种在火中，代指非常难的事情。

【译文】

与人相处能宽容别人性情上的欠缺，便是一种修为。善于消除家庭内部纷争这件事和修行差不多，如果能够做到完满，就像火内栽莲一般难能可贵。

【道理】

齐家而后治国平天下，这是儒家积极入世的路数。一个人如果"家"都管理不好，怎么能管理好国家呢？

醉打金枝

唐代宗将女儿升平公主许配给汾阳王郭子仪的六子郭暧为妻。

郭子仪七十岁寿辰的时候，子女纷纷携家眷前来拜寿，唯独升平公主没有前往。此事引起议论，郭暧愤怒之下，回家与公主争辩，并借酒打了公主，同时还说："你倚仗你父亲是皇帝吗？我父亲还不愿当皇帝呢！"公主哭着回宫向父母告状。

代宗和皇后了解事情缘由后，责备女儿不该不去拜寿。针对郭暧的那句大逆不道之言，代宗说："他父亲不爱当皇帝是实情，要不然，天下哪里还是李家的！"公主坚持不肯认错，并要代宗将郭暧治罪。代宗便假意要斩郭暧为她出气，公主反而被吓得为郭暧求情。刚好当时郭子仪绑了儿子上殿请罪。代宗便安慰郭氏父子道："儿女闺房琐事，何必计较，老丈人权作耳聋，当没听见这回事算了。"

代宗不仅不予治罪，反将郭暧连升三级。同时，皇后也一边劝女婿，一边责备公主。最终郭暧与公主消除前嫌，重归于好。

明·佚名《金盆捞月图》

欲遇变而无仓忙，须向常时念念守得定；欲临死而无贪恋，须向生时事事看得轻。

【注释】

仓忙：仓促匆忙。

【译文】

如要在遇到变故时不显得仓皇无措，平时就需要深思熟虑；要想在离世的时候不对人世还有贪恋，就需要在活着的时候看淡每一件事。

【道理】

凡事未雨绸缪，多想一步，等到真正有棘手事情发生时才不会仓皇失措。

未雨绸缪

武王灭纣后，封管叔、蔡叔和霍叔于商都近郊，以监视殷遗民，号"三监"。武王死后，成王年幼继位，由叔父周公辅政。这事引起了"三监"的不满。管叔等便散布流言，说周公将不利于成王。周公为避嫌疑，远离京城，迁居洛邑。

不久，管叔等人与殷纣王的儿子武庚勾结，发动了叛乱。周公奉成王的命令，兴师讨伐。他诛杀了管叔、武庚，流放了蔡叔，并收服了商朝的遗民。周公平乱后，遂写一首《鸱鸮（chī xiāo）》诗与成王，描写一只失去了雏子的母鸟，仍然在辛勤地筑巢，其中有几句诗："迨（dài）天之未阴雨，彻彼桑土，绸缪牖户。今此下民，或敢侮予！"意思是说：趁着天还没有下雨的时候，赶快用桑树皮把鸟巢的空隙缠紧，只有巢坚固了，才不怕人的侵害。周公希望成王及时制定措施，以防止叛乱阴谋。

宋·马和之（传）《小雅鹿鸣图——采薇》（局部）
军队行进在大道上，山坡上可供采食的薇菜勾起了将士们的思乡之情。

> 苍蝇附骥，捷则捷矣，难辞处后之羞；茑萝依松，高则高矣，未免仰攀之耻。

【注释】

骥：骏马。茑萝：一年生藤本花卉，茎细长柔软，极富攀援性。

【译文】

苍蝇叮在骏马的尾巴上，虽然也会移动很快，但难逃附着在马屁股上的羞辱；茑萝依附松树，虽然也会爬得很高，但总免不了攀附别人的耻辱。

【道理】

靠依附他人成名发家，虽不失为一条捷径，但终究不光彩。为人只要堂堂正正，即使生活简朴又何妨？

望尘而拜

潘岳，字安仁，西晋时期著名的文人。他出身官宦世家，长相俊美，曾因文才和陆机齐名一时，更因辞官奉母的孝行，被传为"二十四孝"之一。但就在潘岳辞官奉母、闲居在家时，年近五十的他反思仕途不顺之因，作《闲居赋》总结自己的做官经历：八次仕途浮沉——一次提升官阶，两次被撤职，一次被除名，一次没就任，三次被外放。总结不如意的前半生，找出自己仕途失败的原因是"拙"，当弃"拙"取"巧"。于是，在晋惠帝时，潘岳与石崇等巴结攀附权臣贾谧。每次贾谧出行的时候，潘岳就与石崇等在其车后，望尘而拜。不久潘岳升为著作郎，转散骑侍郎，迁给事黄门侍郎。然而"八王之乱"后，贾后及贾谧倒台，潘岳为其幕僚孙秀所杀。其"望尘而拜"的丑行，亦沦为笑柄。

蜕形汙渎中
羽翼便翱好
秋来間何閥
已抱寒蜚搞

元·坚白子《草虫图》（局部）

君子只是一个念头持到底，自然临小事如临大敌，坐密室若坐通衢。

【注释】

通衢：四通八达的道路。

【译文】

君子只要认定一个念头，就会贯穿到底，即使对待小事也认认真真，如临大敌，即使单独在密室中也会堂堂正正，如同在大街上一般。

【道理】

遇到大事才郑重其事的人，在小事上一定很松懈；在大庭广众之下才知检点的人，私底下一定放纵自己。

蘧伯玉宫门下车

春秋时期，卫国有个非常有名的贤人，他姓蘧（qú）名瑗，表字伯玉。蘧伯玉生于名门望族的仕宦之家，自幼聪明过人，饱读经书，能言善辩，生性忠恕坦荡。相传当他五十岁的时候，就明了自己生命中前四十九年的所有过失。有一天晚上，卫灵公和夫人南子一同坐在宫里，忽然听见有一辆车子远远过来的声音，车轮辚（lín）辚地响，到了宫门口就不响了。南子说："这辆车子上坐着的人，一定是蘧伯玉。"卫灵公说："你怎么知道是他呢？"南子说："《周礼》上讲，身为人臣，经过君上门口时，一定要下车；看见了君上驾车的马，一定要行礼。这些都是表示敬重君主的行为。身为君子，即使是在没有人看见的地方，也不会有任何低下的行为。蘧伯玉乃贤人君子，他平日对待君上很是尊敬有礼，一定不肯在暗昧的地方失了礼的。"卫灵公差人去看，果然是蘧伯玉。

清·黄慎《整冠图》

善启迪人心者，当因其所明而渐通之，毋强开其所闭；善移风化者，当因其所易而渐及之，毋轻矫其所难。

【注释】

移风化：改变旧的风俗习惯。

矫：纠正，把弯曲的东西弄直。

【译文】

善于教育启发别人心灵的人，应根据他人所明白的道理加以引导，不能强行灌输别人不懂的东西；善于改荣风俗习惯的人，是从容易改变的风俗习惯入手，渐渐达到最终的目的，而不会轻率地从最难处开始矫正。

【道理】

无论是教育学生，还是教化民众，都要做到了解受众的具体情况，然后因材施教。

弟子问仁

一天，孔子为众弟子授课。众弟子对"仁"的思想很感兴趣。得意门生颜回问什么是仁，孔子说："克己复礼为仁。"颜回一听便领会了，又问其具体条目。孔子便兴致勃勃地讲了仁的"四目"，曰："非礼勿视，非礼勿听，非礼勿言，非礼勿动。"

而当子贡问什么是"仁"时，孔子却说："己欲立而立人，己欲达而达人。"子贡名端木赐，能言善辩，家境富裕。他有志于仁，但却苦于眼高手低，不知从何做起，孔子就教他应该从自身做起。

当司马牛问什么是"仁"时，孔子说："仁者其言也讱。"意思是说，有仁德的人说话缓慢谨慎。司马牛问的是"仁"，而孔子答的却是仁者的言行。这是因为司马牛多言而浮躁，孔子实际上是通过解释"仁"来教导他的言行。

同样是"仁"这个字的意思，孔子根据不同学生的不同情况来阐述和表达，具有极强的针对性，真不愧是一位因材施教的教育家。

明·仇英《醉翁亭图》（局部）

好察非明，能察能不察之谓明；必胜非勇，能胜能不胜之谓勇。

【注释】

明：明智。

【译文】

喜欢把所有的事情都弄得一清二楚并不算明智，该清楚的清楚，不该清楚的不去弄明白，才是明智；每战必胜并不算勇敢，该胜的时候胜，该败的时候败，才是真勇敢。

【道理】

聪明难，糊涂更难，聪明糊涂得当，才是真睿智。

难得糊涂

有一年，郑板桥到莱洲云峰山观摩郑公碑，夜晚借宿在山下一老儒家中。

这老儒自称"糊涂老人"，家中有一方极大的砚台，石质细腻，镂刻精美，实为极品。老儒请郑板桥留下墨宝，以便来日刻于砚台背面。郑板桥依"糊涂"为引，题写了"难得糊涂"四字，同时还盖上了自己的名章，上刻"康熙秀才，雍正举人，乾隆进士"的字样。

这砚台有方桌一般大小，郑板桥写过之后，还留有很大的一块空地，于是他请老儒题写一段跋语。老儒未加推辞，提笔写道："得美石难，得顽石尤难，由美石转入顽石更难。美于中，顽于外，藏野人之庐，不入富贵之门也。"写罢也盖了印，印文是："院试第一，乡试第二，殿试第三。"

郑板桥看后，方知遇到了一位雅士，顿感自身浅薄，敬仰之心油然而生。他见砚台中还有空隙，便提笔补写道："聪明难，糊涂尤难，由聪明而转入糊涂更难。放一着，退一步，当下安心，非图后来报也。"

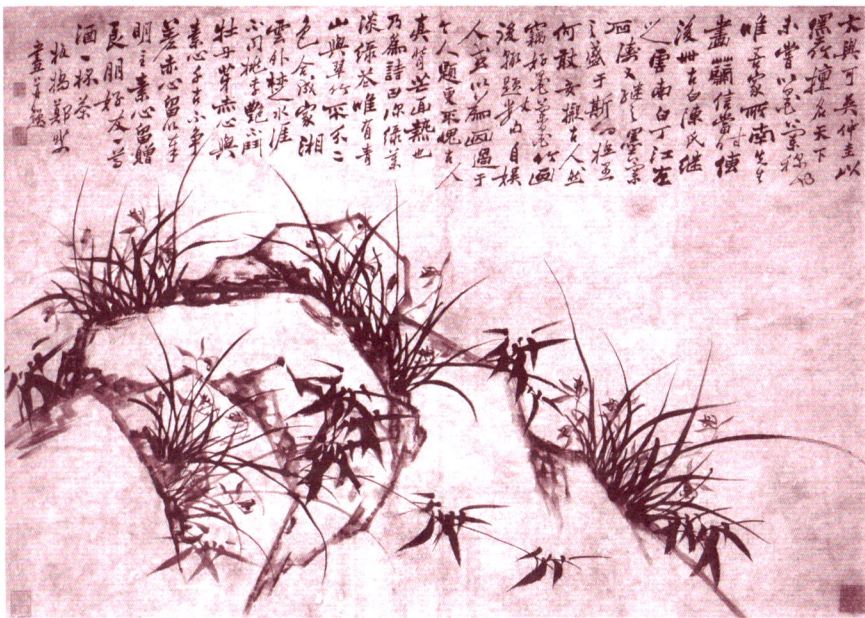

清·郑燮《兰竹图》

酷烈之祸，多起于玩忽之人；盛满之功，常败于细微之事。

【注释】

酷烈：猛烈，强烈。玩忽：对法令、职守等不严肃认真地对待。

【译文】

很多惨烈的祸事，往往是因为不认真对待造成的。很多看起来圆满的事情也往往是因一些细微的事情而功亏一篑。

【道理】

一根链条，最脆弱的一环决定其强度；一只木桶，最短的一块木板决定其容量。细节不可忽视，否则就有"千里之堤溃于蚁穴"的悲剧发生。

祸患积于乎微

五代十国时期的中原地区十分混乱，军阀割据，政权林立。后唐庄宗李存勖以勇猛闻名，在多年的南征北战后终于实现了对中国北方的统一。

然而"打江山易，固江山难"，李存勖在称帝后，认为父仇已报，中原已定，不再进取。因他自幼精通音律，喜欢看戏演戏，便在即位后自己登台演戏，不理朝政。他任用伶人（戏子）为官，以其为耳目，刺探百官言行；召集原唐宫太监，视为心腹；纵容伶人、太监强抢民女。一时间，李存勖众叛亲离，后唐朝野怨声四起。

公元926年，在李存勖冤杀大将郭崇韬后，劫后余生的另一员大将李嗣源起兵反叛。就在李存勖打算带兵平叛之际，他任用的伶人郭从谦发动兵变，杀入宫内。混乱中李存勖被杀。

对此，后人欧阳修感慨："祸患常常是由极细小的事情累积所致，智勇双全的人也可能因沉溺喜爱的事情而陷入绝境，李存勖的下场不仅仅是因为对伶人的宠信而已。"

清·吕学《狩猎图》（局部）

> 待人而留有余，不尽之恩礼，则可以维系无厌之人心；御事而留有余，不尽之才智，则可以提防不测之事变。

【注释】

厌：满足。御事：治事，管理、处理事情。

【译文】

对待他人，要留有一份不会断绝的恩惠，才可以维系永无满足的人心；处理事情也要留有余地，而不竭尽智慧，这样就能一直有对策，从而提防无法预测的变故。

【道理】

所谓物极必反，行不可至极处，至极则无路可续行。待人处事，不可竭尽，这样才有后续和发展空间。

雕刻之道

韩非子在其著作《说林·下篇》中有一则妙喻：

"桓赫曰：'刻削之道，鼻莫如大，目莫如小。鼻大可小，小不可大也；目小可大，大不可小也。'举事亦然，为其不可复也，则事寡败也。"意思是，战国时期著名的雕刻家桓赫说："木雕的要领在于，雕刻的时候最好鼻子要雕得大，眼睛要雕得小。因为如果鼻子雕大了，还可以改小。而如果一开始就把鼻子雕小了，就没有办法再补救了；雕眼睛也一样，开始的时候眼睛要雕得小，因为小了还可改大。但如果刚开始雕刻时就把眼睛雕得很大，就再也无法缩小了。"

做事也是同样的道理，要留有回旋的余地。只有这样，才不至于遭遇失败。民间俗语说得好："留得肥大能改小，惟愁脊薄难复肥。"为人处世也一样需要给自己留有余地。

清·华嵒（yán）《夏日山居图》

君子宁以刚方见惮，毋以媚悦取容。

【注释】

　　刚方：刚直方正。媚悦：逢迎取悦。

【译文】

　　君子宁可因为刚正方直而被人忌惮，也不会用逢迎取悦让别人接纳自己。

【道理】

　　孔子说："君子周而不比，小人比而不周。"一个人的节操高下，不应以"人气"论。

强项令董宣

　　东汉光武帝刘秀有一个姐姐，被封为湖阳公主。有一次，湖阳公主府中一个家仆，光天化日之下仗势杀人。由于他躲进了公主府，普通的官员无法将其捉拿归案。洛阳令董宣就趁公主出行时，把那个正在驾车的家仆捉住，并当着湖阳公主的面斩决了杀人犯。

　　湖阳公主到刘秀面前告状，刘秀大怒，召来董宣，准备处死他。董宣毫不畏惧，问刘秀："陛下，如果您也放纵家奴杀害百姓的话，将凭什么来治理天下呢？臣下我不等刑杖责打，但求自杀。"当即就用脑袋去撞柱子，血流满面。刘秀当下回心转意，便让董宣磕头向公主谢罪，即不深究。不料董宣严词拒绝，哪怕小太监强逼着把他摁在地上，董宣也是两手撑地，一直不肯低头。下不了台的刘秀只得无奈地训斥董宣："强项令出去！"事后还赏赐三十万钱。

　　强项，即颈项强直不弯，这实际上宣布董宣无罪，而又给以赞美之词。董宣把赏赐都分给了下属。从此洛阳境内的贵族豪强再不敢横行，而董宣也在京城里得了个"卧虎"的称号。

宋·李唐《采薇图》（局部）
殷商遗民伯夷、叔齐兄弟宁可采摘野菜充饥也不愿苟食周粟，终至双双饿死。

持身涉世，不可随境而迁。

【注释】

持身：为人，修身。涉世：接触社会，经历世事。

【译文】

一个人的为人和处世，不能随着环境的改变而改变，应该有自己的原则。

【道理】

君子之所以"富贵不能淫，贫贱不能移，威武不能屈"，以其胸中有浩然正气也。

徐有功护法尽忠

武则天执政时期，为了巩固政权，任用大批酷吏，致使冤狱累累，人人自危。而徐有功身为执法官员，秉公依法办案，先后为多名被诬陷官员洗脱罪名、平冤昭雪。但他也因此开罪了酷吏周兴、薛季昶、皇甫文备等人，数次被武则天罢职，还差点遭遇杀身之祸。

徐有功几经大起大落后，护法尽忠之心反而更加坚定。他每次看到酷吏无故杀人，都要冒死力争。有一次，武则天因为一个案子和他争执不下，恼羞成怒，让武士将徐有功推出午门斩首。徐有功一面用力挣扎，一面大声喊道："陛下，臣虽然被杀，但律法却不能随意更改！"武则天听后，深深敬服其忠义之心，当即喝住武士，并大大地奖赏了他。

　　徐有功因为公正无私得到武则天的器重，世人赞其"听讼惟明，持法惟平"。

清·罗聘《钟馗巡游图》

毁人者不美，欺人者非福⊙毁人者不美，而受人毁者遭一番讪谤便加一番修省，可释回而增美；欺人者非福，而受人欺者遇一番横逆便长一番器宇，可以转祸而为福。

【注释】

毁：毁谤，说人坏话。释回而增美：去邪僻而增益美性。横逆：横暴无礼的行为。器宇：度量，胸怀，气度。

【译文】

说人坏话者往往德行并不好，而被毁谤者在经历一番讥讪后便会多一番修身反省，这样反而可以洗脱冤枉增益自己的德行。能够欺压人并不是福气，而受欺压者往往在遭遇了横暴无礼的行为后，胸怀气度都会有所提升，这样一来，受欺压的祸事就转化成了一种福分。

【道理】

"吃亏是福"，在吃亏后反省，做到有则改之，无则加勉，自身修养得到不断完善。

胯下之辱

韩信出身平民，年轻的时候性格放纵而不拘礼节。由于汉代选官为推举制，韩信未被推选为官吏，加上又无经商谋生之道，常常依靠别人接济度日，所以许多人都讨厌他。当时在淮阴有一个年轻的屠夫侮辱韩信，说道："虽然你的个子高大，又喜欢佩剑，但内心却是很懦弱的啊。"并当众侮辱他说，"假如你不怕死，那就刺死我；不然，就从我的胯下爬过去。"韩信注视他良久，俯下身子从对方的胯下爬过去。集市上的人都讥笑他，认为他胆子真的很小。

然而，忍受了胯下之辱后，韩信知耻而后勇，先后投奔了项羽、刘邦，并得到了刘邦的重用。多年后，韩信回到淮阴，再见到那个屠夫时，没有借机报复，反而封他为中尉，并对自己手下将领解释道："这是位壮士，当年他侮辱我时，我本可以杀了他的，但即使杀了他，我也不会扬名，所以就忍了下来，这才有了今天的成就。"

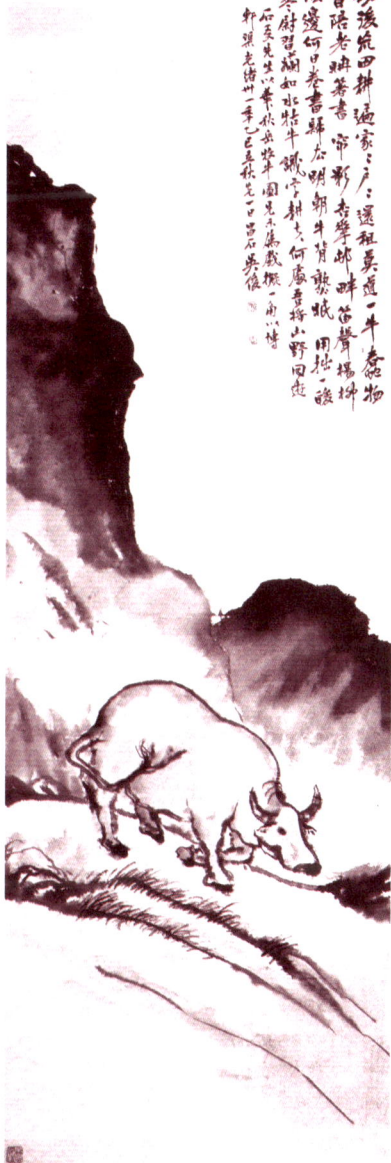

清·吴昌硕《牧归图》

> 天欲祸人，必先以微福骄之，所以福来不必喜，要看他会受；天欲福人，必先以微祸儆之，所以祸来不必忧，要看他会救。

【注释】

祸：使……受灾殃。骄：使……傲慢、骄矜。儆：告诫，警告。

【译文】

上天要降祸于人的时候，一定会先给以微薄的福运，让其滋生傲慢骄矜情绪。所以如果有福的时候，不要急着欢喜，要看是否懂得承受。老天要赐福于人的时候，一定会先给以微小的祸患，让其受到警醒。所以如果有祸的时候，不要太过担忧，要看能否自救，转祸为福。

【道理】

荣辱祸福，是上天对人的历练和考验。人的品行修为，亦在这一过程中得到锤炼。

失之东隅，收之桑榆

东汉初年，刘秀即位为光武帝后，为巩固政权，派大将冯异与邓禹前去围剿赤眉军。由于之前邓禹在赤眉军手上丢了长安，并连吃败仗。为了一雪前耻，邓禹不顾冯异阻拦，执意出兵。谁料在回溪中了赤眉军的埋伏。等逃出包围时，邓禹身边只剩下二十四骑。而冯异则更惨，只身逃出，连战马也被射死。

冯异回营后，重整士气，收编散兵，精心部署，一边让人乔装后混入赤眉军，一边给赤眉军下战书，约战崤底。崤底四面环山，冯异安排好埋伏后，仅带几千人马迎战赤眉军。在且战且退、诱敌入瓮后，伏兵与事先混入的士兵内外夹击，终于大破赤眉军。

　　光武帝为表冯异战功，特地下了道诏书，名叫《劳冯异诏》。其中有这样几句："始虽垂翅回溪，终能奋翼黾池，可谓失之东隅，收之桑榆。"

清·任颐《天仙赐福》

画中为道家故事，寓祈福增祥之意。

智小者不可以谋大，趣卑者不可与谈高。

菜根谭

名句·处世篇

【注释】

趣卑：趣味低下。

【译文】

与目光短浅的人是不可能商量大事的，与志趣低下的人是不可能谈论高尚的事情的。

【道理】

道不同，不相为谋。每一类人都有自己所秉持的"道"，不可强求一致。一人有二三志趣相投者，足矣。

燕雀安知鸿鹄之志

秦朝时，阳城（今河南方城县）有一个叫陈胜的人，年轻时曾经跟别人一起受雇给富人家种地。有一天，他放下农活，到田埂上休息。想到当时秦王朝肆无忌惮地征调劳役、不断加重对老百姓的压迫和剥削的社会现实，心中不禁愤恨不平。慨叹了很久后，他对一起做农活的同伴们说："假如将来我们中间有谁发迹富贵了，可不能忘记大家啊。"同伴们讥笑他："你不过是个富人家的雇工，怎么可能富贵呢？"陈胜长长地叹了一声，说道："燕雀哪里会懂得鸿鹄的凌云壮志呢！"

秦二世元年（公元前209年）七月，陈胜与吴广发动农民起义，建立了中国历史上第一个农民政权。这个政权虽然持续时间不长，但在他们的号召下，各地义军风起云涌，秦朝的严酷统治最终被推翻。

清·华嵒《画眉鸣春》

> 帆只扬五分，船便安。水只注五分，器便稳。

【注释】

略。

【译文】

风帆只要扬起一半，舟船便能平稳地行进；水注入瓶罐中只需一半，瓶罐即可稳当。

【道理】

凡事恰到好处即可，切勿过度，否则过犹不及，反而无益。

愚人食盐

在印度古代佛教寓言故事《百喻经》里有这样一个故事：

一个愚人到别人家去做客，主人拿东西给他吃，他觉得饭菜淡而无味。主人听罢，就为他在饭菜中加了些盐。这人再吃的时候就觉得味道很不错了。知道饭菜有味是加了盐的原因后，他自言自语地说："饭菜之所以会那么鲜美是因为有了盐的缘故。只加了那么一点就这样了，如果多加岂不是更好？"

于是这个人就一下子买来很多盐，以盐代饭。结果刚一入口，就被咸得口舌都失去了知觉，令自己遭了罪。

同样，有很多修行者，他们听说节食可以有助于修行，便开始断食。经过数天后就发现，这样往往只会让自己白白遭受饥饿之苦，对修行一点好处都没有。这样的苦修，其实和愚人食盐无异。

清·袁江《耕牛图册》（之六）

路径窄处留一步，与人行；滋味浓的减三分，让人嗜。此是涉世一极乐法。

【注释】

嗜：贪求、喜好，此处指品尝、食用。

【译文】

遇到路径狭窄的地方，要留出一步让他人通过；遇到味道好的食物，要留三分让他人尝尝。这是在待人接物中获取快乐的一个绝好方法。

【道理】

人生在世，心胸宽广，善解人意，就能从良好的人际关系中获取尊重与快乐。

陈寔遗盗

陈寔（shí），字仲弓，东汉颍川许人，为人仁义。有一年庄稼收成不好，百姓生活清苦。某夜，一个小偷趁着夜色悄悄潜入陈寔家中，藏在房梁上。陈寔在无意中发现后，并未声张，而是穿戴整齐后，将儿孙们全部叫起来聚到一处，非常严肃地训诫道："做人不可以不自勉，很多言语行为不善的人，其本性未必就是恶的，只是后来坏事做多了就养成了习惯，才会变成那个样子。现在居于梁上的那位先生就是这样。"小偷十分惊恐，赶紧从房梁上下来跪地叩头认罪。陈寔却对他说："从你的相貌来看，并非恶人，应该反省自我，改过向善才是。"陈寔了解到这人偷窃是因家贫所致，就命人送了两匹绢给他，放其回家。此事过后，陈寔贤德之名广泛流传，受其影响，在此后很长一段时间里，全县再无盗窃之事发生。

清·吴昌硕《秋山高隐 山居访友》

> 处世让一步为高，退步即进步的张本；待人宽一分是福，利人实利己的根基。

【注释】

张本：为事态的后续发展事先做的安排。

【译文】

为人处世懂得让步才是高明之举，因为退一步实际上是为进一步做铺垫；待人宽厚是一种福气，因为利他就是利己的基础。

【道理】

心胸开阔，待人宽厚，利人利世更利己。

六尺巷

清康熙时，文华殿大学士、礼部尚书张英世居桐城，其府第与吴宅为邻。两宅之间有一隙地，平时用作过往通道，倒也相安无事。某年，吴氏建房越界占用了公用通道，张家不服，双方遂发生纠纷。张英家人修书京城，向张英告状。张英阅罢，只在家书上批诗四句："千里修书为堵墙，让他三尺又何妨。长城万里今犹在，谁见当年秦始皇。"张家得诗，深感愧疚，主动让出三尺地界。吴家见状，自觉也有不妥之处，遂效仿张家，退让三尺。如此一来，便形成了一条六尺宽的巷道，名曰"六尺巷"。两家礼让之举从此传为美谈，而全长百余米，宽两米的六尺巷，也得以长久保存，垂范后世。

五代·周文矩《重屏会棋图》（局部）

若业必求满，功必求盈者，不生内变，必招外忧。

【注释】

业：事业，功业。盈：圆满。变：事变，影响重大的突发事件。外忧：外来的忧患。

【译文】

如若立业必求完满，建功必求至极，即使不因此发生内乱，也必定会招致外患。

【道理】

当把极端的完美主义作为人生信条时，悲剧往往就会发生。人要学会接受不完美、不圆满的东西，这是人生必修课之一。

公道杯

公道杯，又称公平杯，是一种被赋予文化意义的瓷器。据说古时人们曾用公道杯对付贪酒者：斟酒时只能浅平，不可过满，否则杯中之酒便会全部漏掉，一滴不剩。

相传，明代洪武年间，官府在景德镇开设御窑，聚集了大批的良工巧匠，制作了不少精巧之至的佳品，公道杯便是其中之一。朱元璋在得到公道杯时，不知其妙。一次君臣宴饮时，他本想偏心于心腹之臣，就命人斟得满些。结果这些大臣反而没能喝上，酒全部都漏掉了。公道杯外形与一般酒杯不同，杯中央往往立有一寿星或龙头，向杯内斟酒时，若酒量低于寿星胸前的黑痣（或龙颔）高度，便不会漏出；反之，则会通过杯底的漏孔漏光。

　　曾有一位名叫沈奎的制杯者在杯身上留了首诗："基液平心位，再添漏尽空。愿君知节制，处世乐融融。"

清·诸升《墨竹》

教弟子如养闺女，最要严出入，谨交游。若一接近匪人，是清净田中下一不净的种子，便终身难植嘉苗矣。

【注释】

匪人：行为不端的人。嘉：善，美。

【译文】

教导弟子就如同养育女儿那样谨慎，最重要的就是对其外出要严加管教，谨慎交友。如若一旦和行为不端的人亲近，就像在一块上好田地里播下一粒不良的种子，终生都很难再长出好苗了。

【道理】

所谓"蓬生麻中，不扶而直；白沙在涅，与之俱黑"，环境对人品行修为的影响至关重要。中国人自古就明白这个道理，于是就有了流传后世的"孟母三迁"。

康熙戒烟

康熙帝是清朝在位时间最长的皇帝，他一生勤政，开启了长达百年的康乾盛世，是中国历史上少有的贤明君主。

康熙很小的时候就由他的祖母——孝庄文皇后抚养长大。孝庄对康熙的教育极为严格，要求康熙但凡饮食、走路、言语都要有规矩，稍有差错便会督促他改正。

按照当时惯例，皇室子弟都由自己的奶娘照顾，康熙也不例外。康熙的奶娘有一个不良嗜好，喜好吸烟。年幼的康熙看着奶娘吞云吐雾十分好奇，便要求一试。奶娘未加阻拦。久而久之，康熙竟逐渐上了瘾。后来此事被孝庄得知，便严肃地告诉他吸烟的害处，希望他能够戒掉，并对奶娘也作了警示。康熙明白过来后，非常坚决地戒了烟。此后终其一生，康熙再未曾吸烟；他还定下规矩，禁止皇室子女吸烟，朝臣亦不得在朝堂上吸烟。

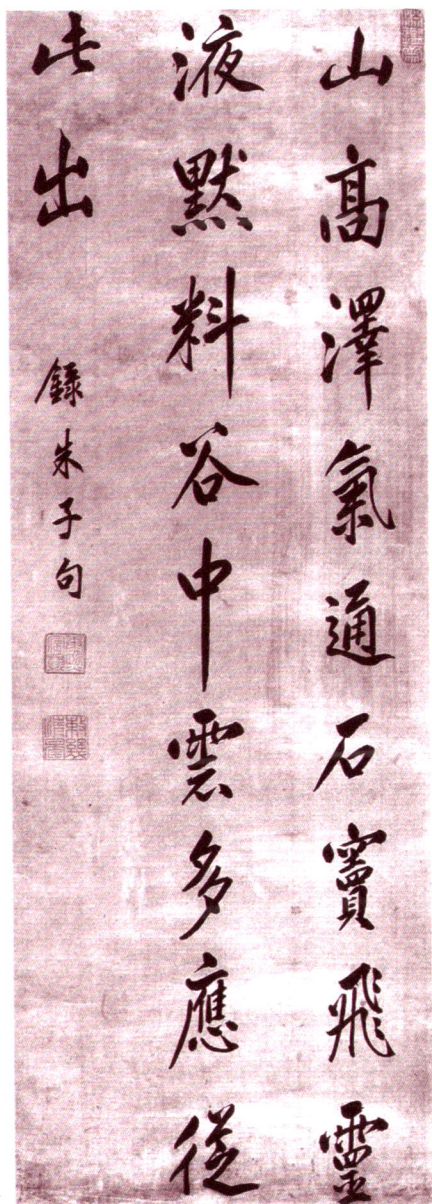

山高澤氣通石寶飛靈
液黙料谷中雲多應從
屮出
錄朱子句

清·康熙书法

我有功于人不可念，而过则不可不念；人有恩于我不可忘，而怨则不可不忘。

【注释】

念：惦记，常常想。

【译文】

自己有功于他人的事情不能经常惦念，而自己有对不起他人的事情则应时时反思；他人有恩于自己的事情不能忘记，而他人对自己有过失的事情则不能不忘。

【道理】

待人处世如若不贪图回报，不忘恩负义，不耿耿于怀，而且知错就改，则是一种君子胸怀，一定会"德出而福返"的。

秦穆公亡马

秦穆公为人宽厚仁爱，不计较小事。据载，秦穆公有一次外出王宫的时候，丢失了自己的坐骑，随从官吏四处寻找。等找到马时，发现有山民已经把马杀掉了，村子里三百余人正坐在一起吃肉。得知这是秦穆公的坐骑，这些人都害怕地站起身来。随从官吏准备将他们绳之以法，秦穆公却阻止说："有道德的人是不会因为牲畜的缘故而伤害人的。而且，我听说吃马肉不喝酒会伤身体。"于是拿出好酒，命随从依次给他们斟酒。

杀马的村人见秦穆公以德报怨，毫不计较，内心都十分愧疚。

过了三年，晋国攻打秦穆公，晋军将秦穆公围困住了。这时，以前那些杀马吃肉的人互相说："是时候以死来报答穆公给我们马肉吃、好酒喝的恩德了。"于是个个拿着武器，为秦穆公拼死作战，冲散了围困秦穆公的包围圈。穆公幸免于难，最终打败晋国，并抓获了晋惠公，得胜归来。

　　这就是以德待人而后福自返的典型事例。

清·冷枚《养正图》（之三）
晋文公在晋楚交战中，亲自结履。

> 毋偏信而为奸所欺，毋自任而为气所使，毋以己之长而形人之短，毋因己之拙而忌人之能。

【注释】

自任：自用，自负。

【译文】

不要偏听偏信而被奸佞欺骗，不要刚愎自用而意气用事，不要拿自己的长处去和别人的短处相比，不要因为自己某方面笨拙而对别人的才能有所忌妒。

【道理】

良禽择木而栖，贤臣择主而事。上位者若不能好好对待下属，只会造成人才流失，最终会危及自身。

曹操袁绍之争

东汉末年，群雄逐鹿。袁绍出自官宦世家，有"四世三公"的美誉。从最开始的与其他名门望族一起诛杀宦官，成为讨伐董卓的关东军盟主，再到割据冀州名动天下，旧部能人加上新投奔的贤士，袁绍麾下一时间群贤云集，占尽天时地利人和，战绩骄人，成为当时最具实力的军阀。

袁绍表面上宽厚待人、礼贤下士，而实质上却如曹操所说："色厉胆薄，好谋无断，干大事而惜身，见小利而忘命。"他的猜忌和刚愎自用，让他有人才而不用，听到好计谋而不采纳。这样一来他就无法真正统率手下的人才，谋士们互相嫉妒谋害，根本没有齐心协力共同辅佐袁绍。

相反，曹操最初势单力薄，但就是因为他求贤若渴，知人善用，很多袁绍旗下的高人都转投曹营。于是，此消彼长，曹操、袁绍的势力很快发生逆转。官渡之战以后，袁绍渐趋式微，其势力最终被曹操消灭殆尽。

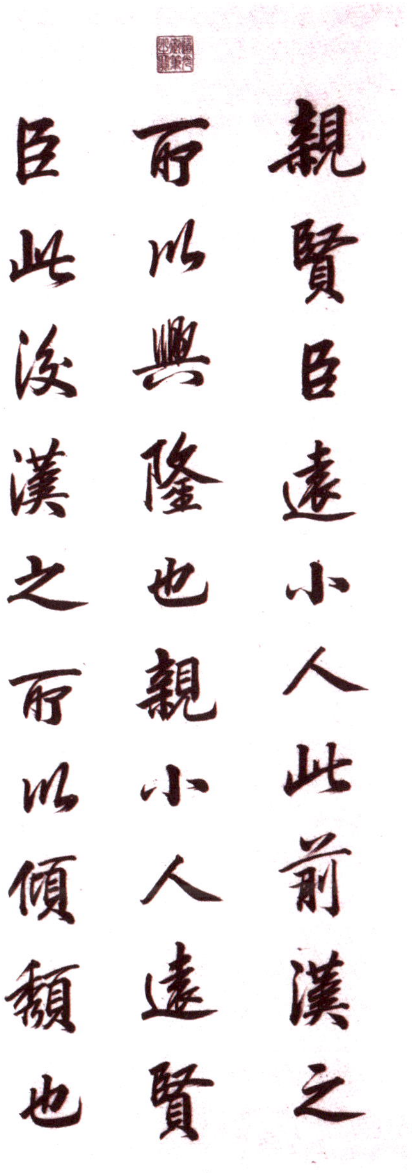

親賢臣遠小人此前漢之

所以興隆也親小人遠賢

臣此後漢之所以傾頹也

清·道光书法

毋因群疑而阻独见，毋任己意而废人言，毋私小惠而伤大体，毋借公论以快私情。

【注释】

群疑：众人的疑虑。独见：独特的见解。废：不使用，不采纳。快：快意，满足。

【译文】

不要因为多数人的猜疑而影响到了自己的独到见解；不要单凭自己的意愿而不听从别人的良言；不要因为贪图小恩小惠而损伤了整体利益；不要借公众舆论来满足自己的私欲。

【道理】

人往往都有随大流的意识，能在一片非议声中坚持己见实属难得。在个人利益和整体利益面前，能够识大体、顾大局，更是难能可贵。

鲁肃促结盟

《三国志·吴书·鲁肃传》里记载了这样一则故事：

当孙权得知曹操大军将至的消息后，招来手下的将领谋士商议对策。几乎所有人都劝孙权不要与曹操抗衡，唯独鲁肃一言不发。等到孙权起身如厕的时候，鲁肃便跟着出来了。

孙权知道他的意图，就直接问他想说什么。鲁肃说："刚刚众人的议论会误了将军。如今我鲁肃可以去投降恭迎曹操，但将军不可。我如迎他，曹操还会给我个官当当，有牛车坐，有小吏使唤，将来也不怕没个州郡的职位。但如果将军迎他的话，曹操会怎么安置您？所以还望您早定大计，不要被众人的建议误导。"

孙权叹息一声说道："这些人说的话，让我十分失望，你的看法正合我意！"

经过鲁肃力排众议，便有了此后的孙刘结盟共抗曹，也才有了闻名后世的经典战役——赤壁之战。

清·翁雒（luò）《慧昭上人、王昶、钱大昕像》（局部）

父慈子孝，兄友弟恭，纵做到极处，俱是合当如是，着不得一毫感激的念头。如施者任德，受者怀恩，便是路人，便成市道矣。

【注释】

合当：应该。市道：市井交易。

【译文】

父母对子女慈爱，子女对父母孝顺，兄长对弟妹友爱，弟妹对兄长礼敬，即使做到最完满，都是理所应当的，彼此不需要有一点要求别人感激的念头存在。如果这种亲情关系下还存在施恩的以恩人自居，接受的记念恩情的话，那就与陌路人一般无二，骨肉亲情也就变成了市井交易了。

【道理】

骨肉亲情与生俱来，发自肺腑，无需造作，施受均出自本性。

李勣煮粥焚须

唐初有位大臣叫李勣，李勣本姓徐，是跟随李世民南征北战，建立很多功业的将军。确立政权以后，太宗皇帝为表彰他的功绩，赐他李姓，并封他做了英国公。

李勣虽然是一位戎马将军，但却有孝悌的美名。相传有一次他的姐姐生病，李勣去看望，还亲自下厨替他姐姐烧火煮粥。在煮粥的过程中，因为火势太大，把胡子烧了。姐姐过来一看，就说："家里的仆人很多，让他们去做就好了，你又何苦亲自来做？"李勣对年老的姐姐说："我做这些难道是因为没有佣人使唤的缘故吗？姐姐，你从小对我关怀备至，我时时都想要回报你。我们年纪都这么大了，我还有多少机会能够亲手给你煮粥？"李勣位高权重不忘姐弟情谊的事迹，一时传为佳话。

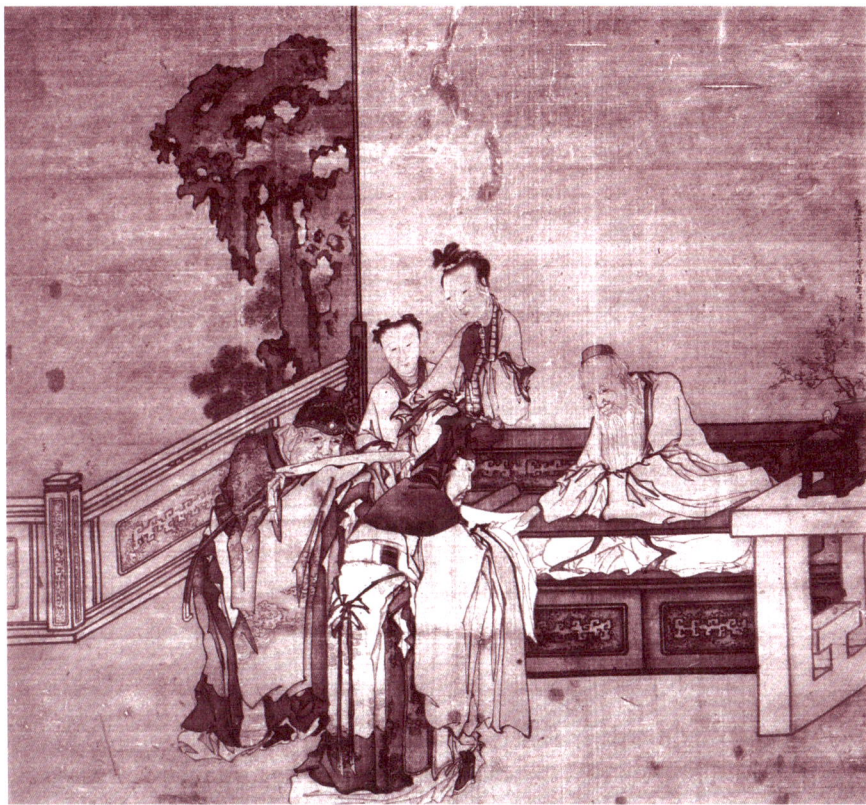

清·黄慎《人物故事》

锄奸杜幸，要放他一条去路。若使之一无所容，便如塞鼠穴者，一切去路都塞尽，则一切好物都咬破矣。

【注释】

杜：杜绝，制止。幸：宠爱，指受帝王宠信的佞人或权臣。

【译文】

要想铲除杜绝奸邪之人，就要给他们留一条改过自新的出路。如若让其走投无路的话，就如同堵老鼠洞的人将所有出口都堵死，只会让所有的好东西都被老鼠咬坏了。

【道理】

《孙子兵法·军争》中"围师必阙，穷寇勿迫"的计策，就是以防对方作困兽之斗。

困兽犹斗

鲁定公四年（公元前506年）的冬天，蔡国、吴国、唐国联合讨伐楚国。双方兵力在柏举摆开阵势形成对峙。一天清晨，吴王阖闾的弟弟夫概王向他请示道："楚国的囊瓦毫无仁义可言（囊瓦曾因觊觎蔡昭侯、唐成公的骏马、美玉，在楚王面前进谗言，致使二侯被囚三年，这也是柏举之战的起源），他的下属绝不会对他死忠，如果我们先攻打他，那他的部下必定溃逃。此后我们再大军跟进，就一定能够拿下。"阖闾虽不允，但夫概王仍率领自己属下的五千士卒率先出击。果然，囊瓦的部下溃败后引起整个楚国军队大乱，吴军乘机大败楚军。囊瓦出逃。

　　吴军一路追击楚军到清发，准备再次发动攻击的时候，夫概王说："被困住的野兽尚且要作最后挣扎，何况绝境中的人呢？如果他们自知难逃一死，一定会全力反击，那我很可能会被打败。但如果让先渡河的得以逃生，那后面的一定心生羡慕，再无斗志，只会争相渡河。在他们的人有一半渡过河的时候，就可以发动攻击了。"

　　在听从了夫概王的计谋后，吴军果然又一次将残余楚军击溃。

清·吕学《狩猎图》（局部）

> 士君子贫不能济物者，遇人痴迷处，出一言提醒之，遇人急难处，出一言解救之，亦是无量功德矣。

菜根谭

名句·处世篇

【注释】

济物：以金钱等物去救济他人。

【译文】

作为君子，虽然有时候因为贫困而无法用金钱等东西去救济他人，但当遇到别人为某件事执迷不悟的时候，说一句话去点醒他，当遇到别人处于危急困难的境地时，说几句安慰话，使他脱离困境，都算是无限的大功德。

【道理】

所谓"一语惊醒梦中人"，高明的言语让人受益匪浅。有时候再多的物质供给都比不上指一条明路，这就是"授人以鱼不如授人以渔"的本意。

晏子之御

晏子是春秋时期齐国的相国。有一次他乘车外出时候，为他御车的车夫之妻透过门缝偷偷窥看自己丈夫。只见她丈夫头上有大大的车盖遮盖着，扬鞭驱使着驾车的四匹骏马，意气昂扬，甚为自得的样子。

等车夫回到家后，妻子便主动请求离开他。车夫感到很惊讶，问妻子为何。妻子回答说："晏子身高不足六尺，却为齐国之相，名声显达于诸侯。今天，我见晏子乘车出门，身处车中却志念深远，常常有谦逊待人、自居其下的态度；而你以八尺之躯为人车夫，还甚为得意满足。这便是我要离开的原因。"

车夫听后很惭愧，从此便自觉地收敛起来。晏子发现了他的改变，感到很奇怪，便问原由。车夫如实相告。晏子认为车夫具有知错能改、知耻而后勇的美德，遂推荐他做了齐国的大夫。

清·华嵒《陈仲子故实》

137

用人不宜刻，刻则思效者去；交友不宜滥，滥则贡谀者来。

【注释】

刻：刻薄，苛刻。贡谀者：献媚之人。

【译文】

用人不能太刻薄，否则那些想来效力于你的人会因此而离去；交友不应太随意，否则就会有逢迎献媚者来到你身边。

【道理】

用人，应有识才之慧，广纳良才；交友，"毋友不如己者"，才能达至更高的境界。

招客择人

武则天执政时期，有一年的五月，国家明令禁止宰杀牲畜和捕捉鱼虾。当时江淮地区遇到干旱，粮食歉收，百姓又不能捕鱼捉虾，所以饿死了很多人。

当时官居右拾遗的张德家里生了个男孩儿。为办喜事，他私下宰了只羊宴请同事。当时身居补阙官位的杜肃也去道贺了。但杜肃在席间悄悄藏了个肉饼，并在事后向武则天上书告发。

第二天，武则天在朝堂上跟张德说："听说你添了个男孩儿，值得高兴啊。"张德跪拜致谢。武则天说："你从哪儿弄来的肉？"张德只得据实相告，并叩头认罪。武则天说："朕禁止屠宰，但喜事丧事不在禁令之列。不过从今以后你请客人，也应该有所选择。"于是拿出杜肃的奏表让张德看。

这一来，弄得杜肃无地自容，满朝文武也对他的行为极为不屑，差点就直接吐口水到他脸上了。

清·苏仁山《话别图》

勤学如春起之苗，

不见其增，日有所长；

辍学如磨刀之石，

不见其损，日有所亏。